Le mulet

Un traité sur l'élevage, la formation et les utilisations

auxquelles il peut être soumis

Harvey Riley

Writat

Cette édition parue en 2024

ISBN : 9789359944890

Publié par
Writat
email : info@writat.com

Selon les informations que nous détenons, ce livre est dans le domaine public. Ce livre est la reproduction d'un ouvrage historique important. Alpha Editions utilise la meilleure technologie pour reproduire un travail historique de la même manière qu'il a été publié pour la première fois afin de préserver son caractère original. Toute marque ou numéro vu est laissé intentionnellement pour préserver sa vraie forme.

Contenu

PRÉFACE.

Il n'y a pas d'animal plus utile ou plus volontaire que le mulet. Et peut-être n'existe-t-il aucun autre animal autant maltraité ou aussi peu soigné. L'opinion populaire sur sa nature n'a pas été favorable ; et il a dû travailler dur toute sa vie contre les préjugés des ignorants. Pourtant, il a été le grand ami de l'homme, le servant bien et fidèlement dans la guerre et dans la paix. S'il pouvait dire à l'homme ce dont il a le plus besoin, ce serait un traitement bienveillant. Nous savons tous tout ce qui peut être fait pour améliorer la condition et améliorer le confort de cet animal ; et c'est un véritable ami de l'humanité qui fait ce qu'il peut pour son bénéfice. Mon objectif en écrivant ce livre était de faire ce que je pouvais pour élaborer une réforme indispensable dans l'élevage, les soins et le traitement de ces animaux. Permettez-moi de demander que ce que j'ai dit concernant la valeur d'un traitement bienveillant soit soigneusement lu et suivi. J'ai eu trente ans d'expérience dans l'usage de cet animal, et pendant ce temps j'ai étudié sa nature. Le résultat de cette étude est que l'humanité ainsi que l'économie seront mieux servies par la gentillesse. Il m'a en effet semblé que le gouvernement pourrait faire de grandes économies chaque année en employant uniquement des conducteurs et des conducteurs de chariots qui auraient été parfaitement instruits dans le traitement et la conduite des animaux et qui seraient en tous points qualifiés pour s'acquitter convenablement de leurs fonctions. En fait, il semblerait tout à fait raisonnable de ne pas confier à un homme un précieux attelage d'animaux, ou peut-être un train, avant qu'il n'ait été parfaitement instruit sur leur utilisation et n'ait reçu un certificat de capacité du département du quartier-maître. Si cela était fait, cela contribuerait grandement à établir un système qui permettrait d'arrêter cette grande destruction de la vie animale qui coûte chaque année au gouvernement une si lourde somme.

HEURE

WASHINGTON, DC, *12 avril 1867.*

NOTE.

J'ai, dans une autre partie de cet ouvrage, parlé de la mule comme étant exempte d'attelle. J'aurais peut-être dû dire que je n'en avais jamais vu un qui en était atteint, malgré le nombre auquel j'ai eu affaire. Il y a, je le sais, des personnes qui affirment avoir vu des mules qui en étaient atteintes. Je dois mentionner ici aussi, en guise de correction, qu'il y a une autre maladie que le mulet n'a pas en commun avec le cheval, c'est le quarter-crack. La même cause qui les empêche d'avoir un quart de fissure les préserve de l'attelle : le manque d'action frontale.

Un grand nombre de personnes affirment qu'un mulet n'a pas de moelle dans les os des jambes. C'est une erreur très singulière. L'os de la jambe du mulet a une cavité et est aussi bien rempli de moelle que celui du cheval. Elle varie également dans la même proportion que dans la jambe du cheval. Les pieds de certaines mules peuvent cependant se fissurer et se fendre, mais dans la plupart des cas, c'est le résultat d'un mauvais ferrage. Cela se produit parfois à cause d'un manque d'humidité au niveau du pied ; et on le voit parmi les mules utilisées dans les villes, où il n'y a pas d'installations pour les conduire chaque jour à l'eau courante, pour adoucir les pieds et les maintenir humides.

CHAPITRE I.
COMMENT LES MULES DOIVENT ÊTRE TRAITÉES EN RUPTURE.

J'ai depuis longtemps envisagé d'écrire quelque chose sur le mulet, dans l'espoir que cela pourrait être utile à ceux qui ont eu affaire à lui, aussi bien dans l'armée qu'en dehors, et leur faire mieux connaître ses habitudes et ses habitudes. utilité. Le mulet patient et laborieux est en effet un animal qui nous a bien servi dans l'armée et qui a fait beaucoup de bien à l'humanité pendant la dernière guerre. Il était en vérité une nécessité pour l'armée et le gouvernement, et jouait un rôle des plus importants dans l'approvisionnement de notre armée en campagne. Il est également clair qu'il jouera un rôle tout aussi important dans les mouvements futurs de notre armée et le gouvernement ne doit pas le perdre de vue. Il m'a donc semblé quelque peu étrange qu'on ait si peu écrit sur lui et si peu de soins pris pour améliorer sa qualité. J'ai remarqué dans l'armée que ceux qui avaient le plus affaire à lui étaient ceux qui connaissaient le moins ses habitudes et prenaient le moins de peine à étudier son caractère ou à vérifier par des moyens appropriés comment il pourrait être le plus utile. Le gouvernement aurait pu économiser des centaines de milliers de dollars si, au début de la guerre, ses employés avaient bien compris cet animal.

Aucun animal n'a probablement fait l'objet de traitements plus cruels et plus brutaux que le mulet, et on peut affirmer sans se tromper qu'aucun animal n'a jamais mieux rempli son rôle, pas même le cheval. En brisant le mulet, la plupart des gens ont tendance à perdre patience envers lui. J'ai moi-même perdu patience avec lui. Mais la patience est la grande nécessité du break, et en l'utilisant vous constaterez que vous vous entendez beaucoup mieux. Le mulet est un animal contre nature, et par conséquent plus timide envers l'homme que le cheval ; et pourtant, il est docile et capable d'apprendre à comprendre ce que vous voulez qu'il fasse. Et quand il comprendra ce que vous désirez et aura gagné votre confiance, vous n'aurez, si vous le traitez avec bonté, que peu de peine à lui faire accomplir son devoir.

En commençant à briser le mulet, saisissez-le doucement et parlez-lui gentiment. Ne vous précipitez pas sur lui, comme s'il était un tigre dont vous redoutiez. Ne lui criez pas dessus ; ne le secouez pas ; ne le frappez pas avec un gourdin, comme on le fait trop souvent ; ne soyez pas excité par ses sauts et ses coups de pied. Approchez-le et manipulez-le comme vous le feriez avec un animal déjà brisé, et par bonté vous aurez, en moins d'une semaine, votre mulet plus maniable, mieux brisé et plus gentil que vous ne l'auriez fait en un mois si vous aviez utilisé le fouet. Les mules, à quelques exceptions près, sont des kickers nés. Élevez-les comme vous le souhaitez, dès qu'ils sont capables de se lever et que vous posez la main sur eux, ils donneront des coups de pied. C'est en effet leur moyen naturel de défense, et ils y recourent par la force de leur instinct. Alors, pour commencer à les briser, donner des coups de pied est la première chose contre laquelle il faut se prémunir et surmonter. Le jeune mulet donne un coup de pied parce qu'il a peur d'un homme. Il a vu des personnes chargées de leurs soins battre et maltraiter les plus âgées, et il craint tout naturellement le même traitement dès qu'un homme s'approche de lui. La plupart des personnes chargées de s'occuper de ces jeunes mules vertes n'ont pas assez d'expérience avec elles pour savoir que ce défaut de frappe est le plus tôt corrigé par un traitement bienveillant. Une étude minutieuse de la nature de l'animal et une longue expérience avec lui m'ont appris qu'en cassant le mulet, les coups de fouet et les traitements sévères en font presque invariablement un pire botteur. Ils le rendent certainement plus timide et plus effrayé par vous. Et aussi longtemps que vous combattez un jeune mulet et que vous lui faites peur, aussi longtemps vous risquez de recevoir des coups de pied. Vous devez le convaincre par la gentillesse que vous n'allez pas le blesser ou le punir. Et plus tôt vous le ferez, plus vite vous serez hors de danger.

Il peut parfois s'avérer nécessaire de corriger le mulet avant qu'il ne soit maîtrisé ; mais avant de le faire, il doit être bien bridé ou licol cassé, et également habitué à l'attelage. Il faut également lui faire savoir pourquoi vous le fouettez. En attelant une mule qui donnera des coups de pied ou frappera avec les pieds antérieurs, procurez-vous une corde ou, comme nous l'appelons dans l'armée, un lariat. Jetez-le ou mettez-lui le nœud coulant sur la tête, en prenant soin en même temps que cela soit fait de manière à ce que le nœud coulant ne l'étouffe pas ; puis placez la mule du côté le plus proche d'un chariot, passez l'extrémité du lariat dans l'espace entre les rayons de la roue avant, puis tirez l'extrémité à travers pour pouvoir revenir avec elle jusqu'à la roue arrière (en prenant soin de gardez-le bien), puis passez-le à travers celui-ci et tirez la mule près du chariot. Dans cette position vous pouvez le brider et l'atteler sans craindre d'être paralysé. En faisant passer la corde aux endroits ci-dessus, elle doit être passée à travers les roues, de manière à l'amener jusqu'à la poitrine de la mule devant et ses flancs à l'arrière. En les rendant rapides de cette manière, ils donnent fréquemment des coups de pied jusqu'à ce qu'ils parviennent à franchir la corde ou le lariat ; d'où la nécessité de le maintenir le plus haut possible. Si vous tombez par hasard sur une mule si sauvage que vous ne pouvez pas la manipuler de cette façon, mettez un nœud coulant du lariat dans la bouche de la mule, et laissez l'œil, ou la partie par où vous passez l'extrémité du lariat, être de manière à former un autre nœud coulant. Placez-le directement à la racine de l'oreille du mulet, tirez-le bien sur lui en prenant soin de maintenir le nœud coulant au même endroit. Mais quand vous l'aurez suffisamment serré, laissez quelqu'un tenir le bout du lariat, et, ma foi, vous briderez la mule sans plus de peine.

En attelant la mule à un chariot, s'il est sauvage ou vicieux, gardez le lariat comme je l'ai décrit jusqu'à ce que vous l'atteliez, puis détendez-le doucement, car presque toutes les mules se déformeront ou sauteront les jambes raides dès que possible. vous soulagez le lariat ; et veillez à ne pas trop serrer la corde lors de l'enfilage initial, car vous pourriez ainsi fendre la bouche de la mule. Permettez-moi de dire ici que j'ai brisé des milliers d'attelages de quatre et six mulets sur lesquels aucun des animaux n'avait jamais porté de harnais lorsque j'ai commencé avec eux, et j'ai conduit des attelages de six mulets pendant des années à la frontière, mais je n'ai pas encore vu le premier attelage de mules ininterrompues qui pourraient être conduites avec un quelconque degré de certitude. Je ne veux pas dire qu'il est impossible de les amener sur la route ; mais je considère que ce n'est pas une conduite digne de ce nom lorsqu'un conducteur ne peut pas amener son attelage à un endroit où il désire aller dans un temps raisonnable - et cela, il ne peut pas le faire avec des mules intactes. Avec des mules vertes ou intactes, vous devez les poursuivre ou les rassembler sans fouet, jusqu'à ce que vous leur fassiez savoir que vous voulez qu'ils tirent un chariot. Lorsque vous les avez mis dans un chariot, tournez leur tête dans la direction où vous voulez qu'ils aillent ; puis convainquez-les par votre bonté que vous n'allez pas en abuser, et en douze jours de manipulation soigneuse, vous pourrez les conduire comme bon vous semble.

Pour brider le jeune mulet, il faut avoir un mors qui ne blessera pas la gueule de l'animal. Des centaines de mules appartenant au gouvernement sont, dans une certaine mesure, ruinées en utilisant un mors de bride qui n'est pas beaucoup plus épais que le fil utilisé par le télégraphe. Je ne veux pas dire par là que le mors de bride utilisé par le gouvernement dans ses brides aveugles n'est pas bien adapté à l'usage auquel il est destiné. S'il est correctement fabriqué et correctement utilisé, c'est le cas. Je ne pense pas non plus qu'un conseil d'officiers aurait pu créer ou concevoir un meilleur harnais et un meilleur chariot pour les besoins de l'armée que ceux fabriqués conformément à la décision du conseil d'officiers qui recommandait le harnais et le chariot actuellement utilisés. Le problème avec un grand nombre de pièces est qu'elles ne sont pas conformes aux règlements et sont trop minces. Et ce morceau, lorsque la tête de l'animal est trop serrée, comme sont très susceptibles de le faire les équipiers de l'armée, est sûr de provoquer des maux de bouche.

Il y a peu de choses dans le cas du bris de la mule contre lesquelles on devrait se prémunir avec autant de soin que celle-ci. Car dès que l'animal a mal à la bouche, il ne peut pas bien manger et devient agité ; alors il ne peut pas bien boire, et comme sa bouche continue de se fendre sur les côtés, il en arrive bientôt à ne plus pouvoir retenir l'eau dedans, et chaque gorgée qu'il essaie de prendre, l'eau jaillit des côtés, juste au-dessus du mors. . Dès que le mulet s'aperçoit qu'il ne peut boire sans cette gêne, il enfonce très naturellement son nez dans l'eau au-dessus de l'endroit où sa bouche est fendue, et boit jusqu'à ce que le manque d'haleine l'oblige à s'arrêter, bien qu'il n'ait pas eu assez d'eau. L'animal, bien sûr, relève la tête, et le stupide conducteur, en général, chasse le mulet de l'eau avec sa soif à moitié satisfaite.

Les mules avec la bouche ainsi fendue ne sont pas propres à être utilisées dans les attelages, et plus tôt elles seront retirées et guéries, mieux ce sera pour l'armée et le gouvernement. J'ai souvent vu des trains du gouvernement retenus plusieurs minutes, bloquer la route et mettre le train en désordre, afin de donner le temps de boire à une mule à la bouche fendue. En constituant les attelages d'un train, je laisse invariablement de côté toutes les mules dont la bouche n'est pas en bon état, et cela sans égard à l'espèce ou à la qualité de l'animal. Mais la bouche du mulet peut être sauvée de l'état dont j'ai parlé, si le mors est fabriqué d'une manière appropriée.

Le mors doit être rond d'un pouce et sept huitièmes et cinq pouces dans le tirage ou entre les anneaux. Il devrait également avoir un balayage d'un quart de pouce à cinq pouces de long. Je parle maintenant du mors de la bride aveugle. Avec un mors de cette sorte, il est presque impossible de blesser la bouche du mulet, à moins qu'il ne soit très jeune, et cela ne peut se faire alors si l'animal est manipulé avec soin.

Il y a une autre question concernant l'attelage du mulet que je juge digne d'être mentionnée ici. Les équipiers du gouvernement, en général, aiment voir la tête d'un mulet bien retenue. J'avoue que, malgré toute mon expérience, je n'ai jamais vu le bénéfice que l'on pouvait en tirer. J'ai toujours trouvé que le mulet fonctionnait mieux lorsqu'on lui permettait de porter sa tête et son cou dans une position naturelle. Lorsqu'il n'est pas du tout freiné, il fera plus de travail, dépassera et épuisera celui qui est en place. À l'heure actuelle, presque tous les attelages de mulets du gouvernement sont freinés et travaillent avec une seule rêne. C'est l'ancienne façon de conduire les mules de Virginie. On disait autrefois que tout nègre en savait assez pour conduire des mules. Je crains que le gouvernement n'ait suivi cette idée depuis trop longtemps.

Je n'ai jamais entendu qu'une seule raison donnée pour maîtriser étroitement les têtes d'un attelage de mulets, c'était que cela rendait les animaux plus beaux.

La prochaine chose nécessitant une attention particulière est l'exploitation. Pendant la guerre, il devint habituel de couper les chaînes de traction ou, comme certains les appellent, les chaînes de traçage. Le but était de rapprocher le mulet de son travail. La théorie est tirée des ficelles de chevaux utilisées pour tirer les wagons à travers les villes. Les chevaux utilisés pour le transport de voitures de cette manière sont généralement nourris matin, midi et soir ; et ils sont capables de s'écarter du chemin d'un arbre à balançoire, s'il est descendu assez bas pour travailler sur les freins, comme cela se faisait trop souvent dans l'armée. En outre, l'attelage de la voiture, ou la partie à laquelle on attache le cheval, fait les deux tiers de la hauteur d'un animal de taille commune, ce qui, comme on le verra d'un coup d'œil, est suffisant pour maintenir l'arbre à balançoire hors de son talons. Maintenant, la langue d'un wagon du gouvernement est une chose très différente. Dans son bon état, il est d'une hauteur moyenne aux jarrets du mulet ; et, surtout pendant les deux dernières années de la guerre, il était d'usage de tirer le mulet si près de l'arbre à balançoire que ses jarrets pouvaient le toucher. Le résultat d'un attelage de cette manière est que le mulet essaie continuellement de se tenir à l'écart de l'arbre à balançoire, et, constatant qu'il ne peut pas réussir, il se décourage. Et dès qu'il fera cela, il sera à la traîne ; et comme il se sent mal à cause de ces coups continus, il écarte les pattes de derrière et essaie d'éviter les coups ; et, ce faisant, il oublie ses affaires et devient irritable. Cela excite le camionneur, et, dans quatre-vingt-dix-neuf cas sur cent, il battra et punira cruellement l'animal, espérant ainsi le guérir de son mal. Mais, au lieu d'apaiser le mulet, il ne fera qu'aggraver sa situation, ce qui ne devrait en aucun cas être fait. La bonne voie à suivre, et je le dis par une longue expérience, est d'arrêter l' attelage immédiatement et de laisser toutes les traces s'étendre jusqu'à une longueur qui permettra à l'arbre oscillant de se balancer à mi-chemin entre le jarret et le talon de l'arbre. sabot. En d'autres termes, laissez-lui suffisamment d'espace pour marcher, entre le collier et l'arbre à balançoire, afin que l'arbre à balançoire ne puisse pas toucher ses jambes lors de sa marche la plus longue. Si la règle ci-dessus est suivie, l'animal ne pourra pas toucher l'arbre à balançoire. En effet, il ne sera pas susceptible de le toucher, à moins qu'il ne soit paresseux ; et, dans ce cas, plus tôt vous aurez une autre mule, mieux ce sera. Je dis cela parce qu'une mule paresseuse gâchera invariablement une bonne équipe. Une mule paresseuse sera maintenue à son travail avec un fouet, direz-vous ; mais, en fouettant un animal paresseux, vous maintenez les autres dans un tel état d'excitation qu'ils sont sûrs de devenir pauvres et sans valeur.

Il y a un autre avantage à faire travailler les chaînes de traction à la longueur que j'ai décrite. La voici : les officiers qui formaient le comité qui recommandait la chaîne à tirer recommandèrent également un certain nombre de gros maillons à une extrémité de la chaîne, afin qu'elle puisse être plus ou moins longue, à volonté. S'il est fait conformément à la recommandation de ce conseil d'officiers, il peut être loué de manière à s'adapter à la mule la plus grande et peut être repris pour s'adapter à la mule la plus courte. Quand je dis cela, j'entends inclure les animaux qui sont reçus selon les normes du département du quartier-maître général.

CHAPITRE II.
LES INCONVÉNIENTS DES MULES DE TRAVAIL TROP JEUNES.

Un grand nombre de mules achetées par le gouvernement pendant la guerre étaient tout à fait trop jeunes pour être utilisées. Cela était particulièrement vrai en Occident, où l'entrepreneur et l'inspecteur semblaient soucieux uniquement de mettre le plus grand nombre possible entre les mains du gouvernement, sans égard à l'âge ou à la qualité. J'ai harnaché, ou plutôt essayé d'harnacher, pendant la guerre, des mules si jeunes et si petites qu'on ne pouvait pas leur procurer de colliers assez petits pour les mettre. Quant au harnais, ils étaient presque enfouis dedans. Un grand nombre de ces petites mules n'avaient que deux ans. Ces animaux n'ont longtemps été d'aucune utilité au gouvernement. En effet, l'inspecteur aurait tout aussi bien pu donner son certificat pour un grand nombre de vaches laitières, dans la mesure où elles ajoutaient à notre force de transport. Une autre source de problèmes vient d'une opinion erronée sur ce qu'un jeune mulet peut faire et sur la manière dont il doit être nourri. Les employeurs et autres, qui avaient sous leur garde de jeunes mulets pendant la guerre, disposaient en général de surplus de fourrage. Lorsqu'ils se trouvaient dans un endroit où l'on pouvait se procurer neuf livres de grain et quatorze de foin, la totalité de leur allocation était achetée. L'excédent qui en résulta attira l'attention et beaucoup se demandèrent pourquoi le gouvernement ne réduisait pas le fourrage du mulet. Ces personnes ne soupçonnaient pas un seul instant, ni n'imaginaient qu'un mulet de trois ans avait tellement de dents mobiles dans la bouche qu'il était à peine capable de casser un grain de maïs ou de mastiquer son avoine.

Un autre point dans ce cas est le suivant : à trois ans, un mulet est généralement dans un état pire qu'à toute autre époque de sa vie. À trois ans, il est plus sujet aux maladies de Carré, aux yeux douloureux et à l'inflammation de toutes les parties de la tête et du corps. Il devient très faible parce qu'il ne peut pas manger, il devient lâche et décharné, et il est alors plus sujet et plus enclin à contracter des maladies contagieuses qu'à tout autre changement qu'il pourrait subir. Il n'existe qu'un seul moyen sûr de remédier à ce mal. N'achetez pas de mules de trois ans pour les mettre au travail, ce qui nécessite une mule de cinq ou six ans. Six mules de trois ans sont à peu près aussi aptes à parcourir quinze milles par jour, avec un chariot militaire chargé de deux mille cinq cents personnes et de leur fourrage, qu'un garçon de six ans est apte à faire le travail d'un homme. Pendant les douze premiers mois de la guerre, j'avais la charge de cent six attelages de mulets, et je remarquai surtout qu'aucun mulet solitaire, aussi grand que six ans, ne lâchait lors des voyages que je faisais avec les attelages. J'ai également remarqué que, la plupart du temps, les enfants de trois ans abandonnaient ou devenaient si fatigués dans leurs jambes qu'ils pouvaient à peine s'écarter du chemin de l'arbre à balançoire, alors que ceux de quatre ans et plus étaient vifs et vifs, et capables de manger leur fourrage lorsqu'ils arrivaient au camp. Les mules de trois ans se couchaient et ne mangeaient pas une bouchée, par simple épuisement. J'ai également remarqué que presque toutes les mules de trois ans qui sont allées en Utah, en 1857, sont mortes de froid cet hiver-là, tandis que celles dont l'âge variait de quatre à dix ans ont résisté à l'hiver et sont ressorties au printemps en bon état de marche. condition. En août 1855, j'ai conduit un attelage de six mulets à Fort Riley, dans le territoire du Kansas, depuis Fort Leavenworth, sur la rivière Missouri, chargé de douze sacs de céréales. Il nous a fallu treize jours pour faire le voyage. Lorsque nous atteignîmes Fort Riley, il n'y avait pas cinquante mules, dans un convoi de cent cinquante, qui auraient pu être vendues aux enchères publiques pour trente dollars, et un grand nombre d'entre elles abandonnèrent parce qu'elles étaient trop jeunes et faute de soins appropriés. À l'automne 1860, je conduisais un attelage de six mulets, chargés de trente cents poids, vingt-cinq jours de rations pour moi et un autre homme, et douze jours de stockage pour l'attelage, étant donné douze livres par mulet par jour. . J'ai conduit cette équipe à Fort Laramie, dans le territoire du Nebraska, et de là à Fort Leavenworth, sur la rivière Missouri. J'ai fait le trajet aller-retour en trente-huit jours, et j'ai passé plus de deux jours et demi sur ce trajet. La distance parcourue était de douze cent trente-six milles. Après un repos de deux jours, je partis avec la même équipe et me rendis à Fort Scott, dans le territoire du Kansas, en cinq jours, sur une distance de cent vingt milles. J'y suis allé sous l'ordre de Harney et, la plupart du temps, je n'avais pas de foin et j'étais obligé de nourrir nos animaux avec de l'herbe sèche des prairies, et j'en avais même une maigre réserve. Malgré cela, je ne crois pas qu'un seul mulet de l'équipe ait perdu jusqu'à dix livres de chair. Chacune de ces mules, permettez-moi de dire, avait plus de cinq ans.

En 1858, j'ai pris un train de mules jusqu'à Camp Floyd, dans l'Utah, à quarante-huit milles au sud de Salt Lake City ; Pendant la marche, il y avait des jours et des nuits où je ne pouvais pas obtenir une goutte d'eau pour les animaux. Les jeunes mulets, âgés de trois et quatre ans, cédèrent d'épuisement ; tandis que les plus âgés suivaient le rythme et devaient tirer les chariots. Or, il y a de nombreux usages auxquels un jeune mulet peut être utilisé avec avantage ; mais ils sont totalement impropres aux besoins militaires, et plus tôt le gouvernement cessera de les utiliser, mieux ce sera.

Lorsqu'ils sont achetés pour l'usage de l'armée, ils sont presque sûrs d'être mis dans un train et livrés à la tendre merci de quelque conducteur de camion, qui ne connaît absolument rien du caractère de l'animal. Et permettez-moi de dire ici que des milliers des meilleurs mulets de l'armée, pendant la guerre, ont été ruinés et rendus inutiles au gouvernement à cause de l'incompétence et de l'ignorance des conducteurs de wagons et des conducteurs qui avaient affaire à eux. Les personnes qui possèdent des attelages et des chevaux privés ont généralement soin de connaître le caractère de la personne qui s'en occupe et de s'assurer qu'elle connaît son métier. Est-il un bon conducteur ? Est-il un bon marié ? Est-il prudent en se nourrissant et en abreuvant ? Ce sont les questions qui sont posées ; et s'il n'a pas ces qualités, il ne le fera pas. Mais un routier de l'armée ne se voit poser aucune de ces questions. Non; on lui confie une équipe précieuse et il est censé en prendre soin lorsqu'il n'a pas la première qualification pour le faire. Si on lui pose une question, c'est simplement s'il a déjà piloté une équipe auparavant. S'il répond par l'affirmative et qu'il y ait des places vacantes, il est immédiatement employé, même s'il ne sait peut-être pas correctement conduire une mule par la tête. Ce n'est pas le seul cas des Teamsters. J'ai connu des conducteurs de charrettes qui ne savaient vraiment pas comment redresser un attelage de six mulets, ni même comment les harnacher correctement. Et pourtant, le chef du wagon a un pouvoir presque total sur le train. Cela montre clairement combien de biens de valeur peuvent être détruits en plaçant des hommes incompétents dans de tels endroits. Il me semble que les conducteurs de wagons ne devraient en aucun cas être autorisés à détenir ou à prendre en charge un train d'animaux de quelque espèce que ce soit avant d'être parfaitement compétents pour manipuler, atteler et conduire un attelage de six animaux.

Il y a un autre point qui nécessite une amélioration essentielle. Je parle maintenant des hommes qui sont placés comme surintendants de nos corrals gouvernementaux et des dépôts pour animaux. Beaucoup de ces hommes connaissent peu le cheval ou le mulet et ignorent presque entièrement ce qui est nécessaire au transport. Un surintendant doit avoir une connaissance approfondie du caractère et des capacités de toutes sortes d'animaux nécessaires à une bonne équipe. Il devrait connaître à vue l'âge et le poids des animaux, être capable de déterminer l'endroit le plus approprié pour les différents animaux d'une équipe et où chacun pourrait rendre le plus grand service. Il doit connaître d'un seul coup d'oeil toutes les pièces de son chariot et de son harnais, être capable de démonter chaque pièce et de les remonter, chacune dans sa forme et sa place, et, surtout, il doit avoir une expérience pratique avec toutes sortes d'animaux. qui sont utilisés dans l'armée. Cela est particulièrement nécessaire en temps de guerre.

CHAPITRE III.
COULEUR, CARACTÈRE ET PARTICULARITÉS DES MULES.

Après avoir commandé le corral supérieur, on m'a ordonné, le 7 septembre 1864, de prendre en charge le Eastern Branch Wagon Park, Washington. Il y avait alors dans le parc vingt et un trains de six mulets. Chaque train avait cent cinquante mulets et deux chevaux attachés. Il y avait cependant des moments où nous avions jusqu'à quarante-deux trains d'attelages de six mulets, avec trente hommes attachés à chaque train. En un an à compter de la date ci-dessus, nous avons manipulé plus de soixante-quatorze mille mulets, chacun passant sous mon inspection et entre mes mains.

En manipulant ce grand nombre d'animaux, mon objectif était de déterminer quelle était la couleur la meilleure, la plus dure et la plus durable pour un mulet. J'ai fait cela parce que beaucoup ont attaché une grande importance à la couleur de ces animaux. En effet, certains de nos agents en ont fait un élément distinctif. Mais la couleur, j'en suis convaincu, n'est pas un critère de jugement. Il y a peut-être une exception à cela dans le cas de la mule de couleur crème. Dans la plupart des cas, ces mules de couleur crème ont tendance à être douces et manquent également de résistance. C'est particulièrement le cas de ceux qui s'inspirent de la jument et qui ont une crinière et une queue de la même couleur. Ceux qui ressemblent au carangue ont généralement des rayures noires autour des pattes, une crinière et une queue noires, ainsi que des rayures noires sur le dos et sur les épaules, et sont des animaux plus robustes et meilleurs. J'ai souvent vu des hommes, en achetant un grand nombre de mules, choisir celles d'une certaine couleur, s'imaginant qu'elles étaient les plus robustes, et pourtant les animaux seraient très différents dans leurs qualités de travail. Vous pouvez prendre un mulet noir, une crinière noire, des cheveux noirs dans les oreilles, noirs au flanc, entre les hanches ou les cuisses, et noir sous le ventre, et le mettre à côté d'un mulet de même taille, marqué comme je l'ai décrit ci-dessus, disons claires, ou ce qu'on appelle de couleur farineuse, sur chacune des parties mentionnées ci-dessus, mettez-les dans le même état et dans la même chair, d'âge et de solidité similaires, et, dans de nombreux cas, la mule avec les parties de couleur claire sera user l'autre.

Il en va tout autrement du mulet blanc. Il est généralement doux et ne supporte que peu de difficultés. Je fais particulièrement référence à ceux qui ont la peau blanche. A côté du blanc et du crème, nous avons la mule gris fer. Cette couleur indique généralement une mule robuste. Nous avons maintenant dans le parc douze attelages de mules gris fer, qui travaillent dur chaque jour depuis juillet 1865 ; nous sommes en janvier 1866. Une seule de ces mules est devenue inapte au service, et celle-là a été blessée par les coups de pied de son compagnon. Toutes nos autres équipes ont eu des animaux plus ou moins rendus inaptes au service et échangés.

En parlant de la couleur des mules, il ne faut pas en déduire qu'il n'existe pas de mules toutes d'une couleur qui ne soient pas robustes et capables d'endurance. J'en ai eu, dont la couleur ne variait pas de la tête aux pieds, qui étaient capables d'une grande endurance. Mais dans la plupart des cas, s'ils étaient maintenus régulièrement au travail depuis l'âge de trois ans jusqu'à huit ou dix ans, ils cédaient généralement en partie et devenaient une dépense au lieu d'un profit.

Diverses opinions existent quant à ce que l'on peut faire faire au mulet sous la selle, beaucoup de personnes affirmant qu'en traversant les plaines, on peut lui faire faire un travail presque égal à celui du cheval. C'est vrai dans la prairie. Mais là, il travaille avec tous les avantages sur le cheval. En 1858, je suis monté à dos de mulet depuis Cedar Valley, à quarante-huit milles au nord de Salt Lake City, jusqu'à Fort Leavenworth, au Kansas, sur une distance de près de quatorze cents milles. Parti de Cedar Valley le 22 octobre, j'atteignis Fort Leavenworth le 31 décembre. A la fin du voyage, l'animal était complètement épuisé.

Dans cet état, je l'ai mise dans l'écurie de Fleming, à Leavenworth City, et on m'a demandé si elle était parfaitement douce. On pourrait supposer que, dans un tel état, elle le serait naturellement. J'ai assuré au valet de chambre qu'elle l'était ; que je l'avais chevauchée pendant près d'un an et que je ne l'avais jamais vue donner des coups de pied. Le matin même, alors que le valet allait la nourrir, elle devint soudain méchante et lui donna des coups de pied très violents. Elle avait alors environ douze ans. Depuis, j'ai pensé que lorsqu'un mulet devient parfaitement doux, il est inapte au service.

Les propriétaires d'omnibus, de lignes de scène et de chemins de fer urbains ont, dans de nombreux cas, essayé de faire travailler des mules, par souci d'économie ; mais, en général, l'expérience s'avéra un échec, et ils y renoncèrent et retournèrent aux chevaux. La grande raison de cet échec était que les personnes qui en avaient la charge ne connaissaient pas leur caractère et manquaient de l'expérience dans leur conduite, si nécessaire au succès. Mais il faut admettre que, d'une manière générale, ils ne sont pas bien adaptés à un usage routier ou urbain, peu importe votre compréhension de leur conduite et de leur maniement.

Le mulet peut être amené à rendre de bons services dans les prairies, en approvisionnant notre armée, en remorquant des bateaux fluviaux ou en transportant des voitures à l'intérieur des mines de charbon - ce sont ses endroits appropriés, où il peut courir et prendre son temps, patiemment.

Cependant, un travail de ce genre, dans presque tous les cas, briserait l'esprit du cheval et le rendrait inutile en très peu de temps.

J'ai vu affirmer qu'il y avait des mulets qui trottent attelés en trois minutes. Dans toute mon expérience, je n'ai jamais rien vu de pareil, et je ne crois pas qu'il ait jamais existé un mulet capable de le faire. C'est un cheval de route remarquablement bon qui fera cela, et je n'ai encore jamais vu de mulet qui puisse rivaliser en vitesse avec un bon roadster. J'ai conduit des mulets simples et doubles, nuit et jour, de deux à dix dans une équipe, et je les ai manipulés de toutes les manières possibles, et j'ai sous ma garde en ce moment deux cents des meilleurs mulets. équipes au monde, et il n'y a pas une seule parmi elles qui pourrait être forcée de franchir la route en quatre minutes. Il est vrai que le mulet supportera plus d'abus, plus de coups, plus d'efforts et de constantes acharnements contre lui que tout autre animal utilisé en attelage. Mais tout le travail que vous pouvez obtenir de lui, en plus d'une journée de travail ordinaire, vous devez travailler aussi dur que lui pour l'accomplir.

J'ai eu connaissance de quelques faits curieux sur ce que peut endurer le mulet. Ces faits illustrent également ce qui peut être fait avec l'animal par des personnes parfaitement au courant de son caractère. Dans les plaines, j'ai vu des Indiens Kiowa et Camanche pénétrer par effraction dans nos piquets pendant la nuit et voler des mules qui avaient été déclarées complètement en panne par des hommes blancs. Et ces mules ont parcouru soixante à soixante-cinq milles en une seule nuit. Comment ces Indiens y sont parvenus, je n'ai jamais pu le dire. J'ai vu à plusieurs reprises des Mexicains monter des mules que nos hommes avaient déclarées inaptes à un service ultérieur, et les parcourir vingt à vingt-cinq milles sans s'arrêter. Je ne mentionne pas cela pour montrer qu'un Mexicain peut faire plus avec le mulet qu'un Américain. Il ne peut pas. Et pourtant, il semble y avoir une sorte de camaraderie entre ces Mexicains et le mulet. L'un semble comprendre complètement l'autre ; et dans la disposition il y a très peu de différence. Et pourtant le Mexicain est si brutal avec les animaux que je n'ai jamais permis à l'un d'eux de conduire une équipe gouvernementale à ma place. En effet, un bas Mexicain ne semble pas disposé à travailler pour un homme qui ne lui laisse pas toute latitude dans la maltraitance des animaux.

Mules d'emballage . Le Mexicain est un meilleur emballeur que l'Américain. Il a plus d'expérience et en comprend tous les détails mieux que tout autre homme. Certains de nos officiers américains ont essayé d'améliorer l'expérience du Greaser et ont apporté ce qu'ils appellent une amélioration au bât mexicain. Mais toutes les tentatives d'amélioration se sont soldées par des échecs retentissants. Le ranchero, du côté Pacifique de la Sierra Nevada, est également un bon emballeur ; et il peut battre le bétail mexicain au lasso. Mais il est le seul homme aux États-Unis à pouvoir le faire. La raison en est qu'ils sont entrés dans ce pays très jeunes et ont amélioré les Mexicains, en ayant autour d'eux tout le temps du bétail, des mulets et des chevaux, et en les attrapant continuellement dans le but de les marquer.

Il existe, dans l'Ancien Mexique comme au Nouveau-Mexique, une classe de mules que nous connaissons sous le nom de mules espagnoles ou mexicaines. Ces mules ne sont pas grandes, mais pour l'endurance elles sont très supérieures et, à mon avis, ne peuvent être surpassées. Je ne dis pas grand-chose quand j'affirme que je n'ai rien vu aux États-Unis qui puisse être comparable à eux. Apparemment, ils peuvent supporter n'importe quel degré de famine et d'abus. J'ai eu trois mules espagnoles dans un train de vingt-cinq équipes de six mules, et partant de Fort Leavenworth, Kansas, lors de l'expédition du colonel (depuis le général) Sumner, en 1857, je me suis rendu à Walnut Creek, sur la route de Santa Fé, une distance de trois cents milles, en neuf jours. Et ce au mois d'août. J'ai remarqué que les effets habituels d'une conduite dure ne se manifestaient que très peu sur eux. J'ai remarqué aussi, tout au long de la marche, qu'avec un arrêt de moins de trois heures, se nourrissant d'herbes assez épaisses, ils se rempliront mieux et paraîtront en meilleure condition pour reprendre la marche, qu'une de nos mules américaines qui avait je me suis reposé cinq heures et j'ai eu le même fourrage. La race, bien sûr, a quelque chose à voir avec cela. Mais l'animal est plus petit, plus compact que nos mules, et, bien sûr, il en faut moins pour le remplir. Il va de soi qu'un mulet dont le corps est à moitié aussi grand qu'une bête de somme ne peut pas satisfaire sa faim dans le temps qu'il faudrait à une petite. C'est le secret des petites mules qui survivent aux grandes dans les prairies. Il faut tellement de temps au grand animal pour trouver à manger, quand l'herbe est rare, qu'il n'a pas assez de temps pour se reposer et récupérer. Je les trouvais souvent quittant le camp, le matin, tout aussi affamés et découragés qu'ils l'étaient lorsque nous nous étions arrêtés la veille au soir. Avec la petite mule c'est différent. Il mange rapidement à sa faim et a le temps de se reposer et de se rafraîchir. Le mulet espagnol ou mexicain, cependant, est meilleur comme animal de somme que comme attelage. Ils sont vicieux, difficiles à briser, et les deux tiers d'entre eux donnent des coups de pied.

En parcourant un livre intitulé « Animaux domestiques », je remarque que l'auteur, MRL Allen, a copié le rapport officiel du Comité agricole de Caroline du Sud et affirme qu'une mule est apte au service plus tôt. qu'un cheval. Ce n'est pas vrai; et pour prouver que ce n'est pas le cas, je donnerai ce que je considère comme une preuve suffisante. D'abord, un mulet à trois ans est tout autant et même plus un poulain qu'un cheval. Et il est autant hors de condition qu'il est possible de l'être à cause des dents coupantes, de la maladie de Carré et d'autres affections du poulain. Fatiguez et fatiguez un mulet de trois ans, et dans neuf cas sur dix, il sera tellement découragé qu'il sera presque impossible de le ramener à la maison ou au camp. Un poulain, s'il est capable de voyager, rentrera chez lui joyeusement ; mais le jeune mulet boude et, dans bien des cas, ne bouge pas d'un pouce tant qu'il vit. Un cheval honnête essaiera de s'aider lui-même et fera tout ce qu'il peut pour vous, surtout si vous le traitez avec gentillesse. Le poulain mulet fera, très probablement, tout ce qu'il peut pour rendre la situation gênante pour vous et lui.

Pour montrer à quel point les mules de trois ans rendent peu de service au gouvernement, je donnerai le nombre que j'ai manipulé pendant une partie de 1864 et 1865.

Au 1er septembre 1864, j'avais en charge cinq mille quatre-vingt-deux mulets ; et pendant le même mois j'en reçus deux mille deux cent dix, et je délivrai aux armées du Potomac, du James et de la Shenandoah, trois mille cinq cent soixante et onze, qui nous laissèrent sous la main, le 1er octobre. , trois mille sept cent vingt et un. Pendant le mois d'octobre, nous n'en avons reçu que neuf cent quatre-vingts, et en avons émis deux mille cinq cent trente, ce qui nous a laissé en stock, le 1er novembre, deux mille cent soixante et onze. Dans le courant du mois de novembre, nous en reçumes deux mille cent quatre-vingt-six, et en délivrâmes à l'armée mille sept cent cinquante-sept, ce qui nous laissa sous la main, le 1er décembre, deux mille quatre cent trente mulets. Maintenant, marquez les décès.

Au cours du mois de septembre 1864, moururent dans le corral quinze mules. En octobre, six sont morts. En novembre, trois ; et en décembre, huit. Ils avaient tous deux et trois ans.

Au 1er mai 1865, nous avions sous la main quatre mille douze têtes, et en avons reçu, dans le même mois, sept mille neuf cent cinquante-huit. Nous en avons émis, dans le même mois, quinze mille cinq cent soixante-trois, nous laissant sous la main, le 1er juin, six mille quatre cent quatre-vingt-sept. Durant ce mois, nous avons reçu sept mille neuf cent cinquante et un, et émis onze mille neuf cent quinze. Durant ces mois, nos mules furent envoyées pour être gardées, et le nombre total de morts pendant cette période fut de vingt-quatre. Mais deux d'entre eux avaient plus de quatre ans. Maintenant, je pense que ce serait une grande économie pour le gouvernement de ne pas acheter de mules de moins de quatre ans. Ce bilan des morts au corral n'est rien en comparaison du nombre de morts de jeunes mulets sur le terrain. Il est en effet bien établi que les deux tiers des décès sur le terrain concernent de jeunes animaux de moins de trois ans. Ce gaspillage de vie animale entraîne une dépense qu'il serait difficile d'évaluer, mais à laquelle on pourrait facilement remédier.

Or, il est bien connu que lorsqu'un mulet a atteint l'âge de quatre ans, vous n'aurez que très peu de problèmes avec lui, en ce qui concerne les maladies et les infirmités. D'ailleurs, à quatre ans, il est capable de travailler, et il travaille bien ; et il comprend aussi mieux ce que vous voulez qu'il fasse.

Le comité chargé de faire rapport sur ce sujet affirme que de nombreuses mules ont été perdues en se nourrissant de paille coupée et de semoule de maïs. C'est quelque chose d'entièrement nouveau pour moi ; et je suis d'avis que davantage de mules du gouvernement meurent parce qu'elles ne reçoivent pas assez de paille et de farine. Le même comité déclare également qu'en aucun cas ils n'ont connu qu'ils souffraient d'une maladie autre qu'une inflammation des intestins, causée par une exposition. J'aurais seulement souhaité que les membres de ce comité puissent avoir accès aux affidavits du département du quartier-maître général - ils se seraient alors assurés que des milliers de mules du gouvernement sont mortes de presque toutes les maladies auxquelles le cheval est sujet. Et je ne vois pas pourquoi ils ne seraient pas sujets aux mêmes maladies, puisqu'ils tirent du cheval la vie et l'animation. Le mulet qui se reproduit le plus près du cochon, et qui est marqué comme lui, est le plus robuste, supporte le mieux la fatigue et est moins sujet aux maladies communes au cheval ; tandis que ceux qui se reproduisent près de la jument et qui ne portent aucune marque du cric autour d'eux, sont passibles de tous.

Au début de ce chapitre j'ai parlé de la couleur des mules. Je ferai, en terminant, quelques remarques supplémentaires à ce sujet, qui pourront intéresser le lecteur. Nous avons maintenant à l'œuvre trois mules de couleur brune, qui furent transférées à l'armée du Potomac en 1862, et qui traversèrent toutes les campagnes de cette armée, et nous furent restituées en juin 1865. Elles avaient été régulièrement à travail, et pourtant ils étaient en bon état, robustes et brillants, lorsqu'ils ont été rendus. Ces mules ont une bande noire sur les épaules, le long du dos, et sont ce qu'on appelle des « duns de couleur foncée ». Nous avons également la seule équipe complète qui a parcouru toutes les campagnes de l'Armée du Potomac. Il a été installé à Annapolis, Maryland, en septembre 1861, sous la direction du capitaine Santelle, AQM. Ils sont maintenant en bon état et égaux à tout ce que nous avons dans le corral. Les chefs sont de très bons animaux. Ils mesurent quatorze mains, l'un pesant huit cents livres et l'autre huit cent quarante-cinq livres. L'un des leaders du milieu pèse neuf cents livres, l'autre neuf cent quarante-sept livres et mesure quatorze mains et demie.

CHAPITRE IV.
MALADIES DONT LES MULES SONT RESPONSABLES. — CE QU'IL PEUT DESSINER, ETC., ETC.

Le comité affirme également que le mulet est un animal plus stable dans son trait que le cheval. Je pense que c'est la plus grande erreur que le comité ait commise. Il suffit d'observer la manière dont un camion ou un chariot lourdement chargé secouera une mule, et la façon dont il se balancera sur la route, pour être convaincu que le comité s'est formé une opinion erronée sur ce point. En partant d'une charge, le mulet, dans bien des cas, travaille avec ses pieds comme s'ils étaient posés sur un pivot, et ne prend donc pas le sol aussi fermement que le cheval. Je n'ai jamais encore vu de mulet dans un char ou une charrette qui puisse l'empêcher de le secouer. En premier lieu, il n'a pas le pouvoir de soutenir un char ; et, en second lieu, on ne pourra jamais leur apprendre à le faire. Enfin, ils n'ont pas la formation nécessaire pour manier un chariot ou une charrette. Que devient alors l'idée selon laquelle ils sont aussi stables dans les remorques ou les attelages que le cheval ?

Le comité déclare également que les mules ne sont pas sujettes à des maladies telles que les chevaux : espavin, morve, ringbone et bots. Si j'avais le comité ici, je montrerais à ses membres que toutes les autres mules du département des quartiers-maîtres, hautes de plus de quinze mains et demie, sont soit spavées, annelées, soit malades d'une manière ou d'une autre par les maladies mentionnées ci-dessus. Le mulet n'est peut-être pas aussi sensible à l'épanouissement que le cheval, mais il a quand même une sonnerie. Je n'arrive absolument pas à comprendre comment le comité a pu commettre une telle erreur. Il y a cependant ceci à prendre en considération : le mulet n'est pas d'une nature aussi sensible que le cheval, et supportera la douleur sans la montrer par une boiterie. L'observateur attentif peut cependant facilement le détecter. Une des raisons pour lesquelles on ne montre pas tant d'éparvins et d'anneaux chez le cheval, c'est que nos forgerons ne coupent pas leurs talons aussi bas que ceux d'un cheval, et par conséquent cette partie du pied n'est pas faite pour travailler si dur. Si vous croyez qu'un mulet a une ringarde, et pourtant il n'est pas boiteux, coupez simplement son talon très bas et donnez-lui quelques bonnes tractions dans un endroit boueux, et il développera bientôt pour vous à la fois une boiterie et une ringarde. Coupez-lui les orteils et laissez ses talons hauts, et il ne risquera pas de boiter avec cela.

Le comité dit également qu'un certain M. Elliott, des Patuxent Furnaces, dit qu'il n'y a presque jamais eu de mulets qui meurent de maladie. C'est une déclaration étrange ; car les attelages les plus pauvres que j'ai jamais vus, et les animaux les plus mal élevés, se trouvaient sur la rivière Patuxent, dans la partie sud du Maryland et sur les marchés de Washington City. Il est pitoyable de voir, comme on peut le voir les jours de marché, les attelages minables conduits par les agriculteurs de l'est et du sud du Maryland. On ne peut voir nulle part ailleurs un ensemble d'équipes au cœur brisé, plus pauvres et plus abattues. Les habitants du Maryland ont élevé de bons chevaux ; il est grand temps qu'ils prennent conscience de la nécessité, et même du profit, d'élever une meilleure espèce de mulet.

En ce qui concerne la force de traction des mulets, par rapport à celle des chevaux, les opinions diffèrent ; et pourtant c'est une question qui devrait être facilement réglée. J'ai essayé des mules au maximum de leur force, et il était très rare d'en trouver une paire qui pût tirer trente cents poids par an sans s'épuiser complètement. Or, il est bien connu que dans les États du Nord et de l'Ouest, on peut trouver n'importe quel nombre de paires de chevaux pouvant tirer entre trente-cinq et quarante cents poids n'importe où. Et ils continueront à le faire, jour après jour, et conserveront leur condition.

Il y avait une grande difficulté à laquelle le Comité agricole de Caroline du Sud devait faire face, et c'était celle-là. À l'époque où il s'agissait du thème de la mule, il n'était pas utilisé généralement dans tout le territoire des États-Unis. Je peux donc facilement comprendre que le comité ait obtenu ses connaissances auprès du très petit nombre de personnes qui les possédaient et qu'il ait rédigé le meilleur rapport possible dans les circonstances. En effet, je crois fermement que le rapport a été rédigé dans l'intention de fournir des informations correctes, mais il a complètement échoué. En recommandant quelque chose de ce genre, il faut prendre grand soin de ne pas induire en erreur les inexpérimentés, et de ne donner que des faits tirés d'une connaissance approfondie ; et aucun homme ne devrait être accepté comme autorité dans le soin et le traitement des animaux, à moins qu'il n'ait une longue expérience avec eux et qu'il n'en ait fait un sujet d'étude.

Encore quelques mots sur le cassage du mulet. Ne le combattez pas et ne l'abusez pas. Après l'avoir harnaché, et s'il s'est montré réfractaire, gardez votre sang-froid, relâchez vos rênes, poussez-le d'avant en arrière, sans brusquerie ; et s'il ne veut pas partir et faire ce que tu veux, attachez-le à un poteau et laissez-le rester là pendant environ un jour sans nourriture ni eau. Prenez garde également qu'il ne se couche pas, et ayez soin d'avoir quelqu'un pour le garder, afin qu'il ne fasse pas de faute dans le harnais. S'il ne veut pas y aller, après un jour ou deux de ce genre de traitement, donnez-lui encore un ou deux jours, et ma foi, il reprendra ses esprits et fera tout ce que vous voudrez à partir de ce moment-là. Certains prétendent que le mulet est un animal très rusé ; d'autres affirment qu'il est ennuyeux et stupide et qu'on ne peut pas lui faire comprendre ce que vous voulez. C'est, je l'avoue, ce qu'on peut appeler un animal rusé ; mais, pour expérimenter, jouez-lui simplement un ou deux tours, et il vous montrera par son action qu'il les comprend bien. En effet, il en sait bien plus que ce qu'on lui attribue généralement, et peu d'animaux sont plus capables d'apprécier un traitement approprié. Comme beaucoup d'autres espèces d'animaux, il n'en existe guère deux exactement de même caractère et de même disposition, si l'on excepte le seul vice de donner des coups de pied, ce qu'ils font tous, surtout lorsqu'ils sont bien nourris et reposés. Et nous pouvons même excuser ce vice en considérant que le mulet n'est pas un animal naturel, mais seulement une invention de l'homme. Certaines personnes sont enclines à penser que, lorsqu'une mule donne un coup de pied, elle n'a pas été correctement brisée. Je doute qu'on puisse briser un mulet pour qu'il ne donne pas de coups de pied à un étranger à sa vue, surtout s'il a moins de six ans. La seule façon d'empêcher une mule de vous donner des coups de pied est de la manipuler beaucoup lorsqu'elle est jeune et de l'habituer aux manières et aux actions des hommes. Vous devez, par la gentillesse, le convaincre que vous n'allez pas lui faire du mal ou en abuser ; et vous pouvez y parvenir mieux en le saisissant doucement chaque fois qu'il semble effrayé. J'ai toujours trouvé un tel traitement plus efficace que tous les coups et abus que vous pouvez appliquer.

Il y a un autre défaut contre lequel le mulet doit lutter. C'est la croyance commune parmi les équipiers et autres qu'il a moins confiance en l'homme que le cheval, et pour améliorer cette situation, ils appliquent presque invariablement le fouet. La raison de ce manque de confiance réside dans le fait que les poulains mulets ne sont jamais traités avec autant de gentillesse et de soin que les poulains chevaux. Ils sont naturellement plus têtus que le cheval, et la plupart de ceux qui entreprennent de les licoler ou de les atteler pour la première fois sont encore plus têtus que le mulet. Ils commencent à briser l'animal en le battant de la manière la plus impitoyable, et cela excite immédiatement tellement l'entêtement du mulet, que beaucoup d'entre eux, dans cet état, ne bougeraient pas d'un pouce si vous deviez les couper en morceaux. Et permettez-moi de dire ici que rien ne doit être plus évité pour briser cet animal que le fouet. On ne peut pas faire comprendre au jeune mulet ininterrompu pourquoi vous le fouettez.

C'est une habitude chez les muletiers de l'armée, dont beaucoup sont des hommes sans sentiment pour un animal stupide, de fouetter les mules juste pour entendre leurs fouets claquer, et de faire entendre aux autres avec quelle dextérité ils savent le faire. Cela a un effet très néfaste sur les animaux et certains moyens doivent être appliqués pour y mettre un terme. Les équipiers de l'armée et les hommes d'écurie semblent considérer comme une vertu le fait d'être cruel envers les animaux. Ils cultivent bientôt des habitudes vicieuses et leur mauvaise humeur semble grandir avec leur métier. Il s'ensuit naturellement qu'en traitant leurs animaux, ils font exactement ce qu'ils ne devraient pas faire. Le gouvernement en a beaucoup souffert ; et je soutiens que pendant une guerre, il est tout aussi nécessaire d'avoir des équipiers expérimentés et bien entraînés que d'avoir des soldats endurcis et bien entraînés.

Le mulet est particulier dans ses aversions. Beaucoup d'entre eux, lorsqu'ils sont attelés pour la première fois, détestent tellement les brides aveugles qu'ils ne veulent pas y travailler. Lorsque vous aurez trouvé cela, laissez-le rester debout pendant environ un jour avec ses œillères, puis enlevez-les, et dans quarante-neuf cas sur cinquante, il partira immédiatement.

On dit que le mulet ne fait jamais peur et ne s'enfuit jamais. Ce n'est pas vrai. Il n'est pas aussi enclin à avoir peur et à s'enfuir que le cheval. Mais quiconque a une longue expérience avec eux dans l'armée sait qu'ils prendront peur et s'enfuiront. Ils ne perdent cependant pas tous leurs sens lorsqu'ils prennent peur et s'enfuient, comme le fait le cheval. Ramenez un mulet après qu'il s'est enfui et, dans la plupart des cas, il ne voudra plus recommencer. Cependant, un cheval qui s'est enfui une fois n'est jamais en sécurité par la suite. En effet, parmi les dizaines de milliers de mulets que j'ai manipulés, je n'ai encore jamais trouvé de fugue habituelle. Leur nature paresseuse ne les incline pas à de telles ruses. Si une équipe tente de s'enfuir, un ou deux d'entre eux tomberont avant d'être allés loin, ce qui arrêtera les autres. Essayez d'en faire avancer un à la même vitesse qu'un cheval, sur une route accidentée, et vous aurez fait des merveilles s'il ne tombe pas et ne vous brise pas les os.

Le mulet, surtout s'il est grand, ne supporte pas les routes et trottoirs durs. Ses membres sont trop petits pour son corps et ils cèdent généralement. Vous remarquerez que tous les bons juges de chevaux de route et de trot aiment voir un os solide dans la jambe. C'est en fait nécessaire. Le mulet, vous le remarquerez, est très déficient en pattes, et a généralement une mauvaise musculature. Et beaucoup d'entre eux sont ce qu'on appelle des chats martelés.

État de fonctionnement des mules . La plupart des gens, lorsqu'ils voient une belle mule grasse et lisse, ont tendance à s'exclamer : « Quelle belle mule il y a ! Il tient pour acquis que, parce que l'animal est gros, grand et lourd, il doit être un bon animal de travail. Il ne s'agit cependant pas d'un critère permettant de juger. Un mulet, pour être en bon état de travail, ne doit jamais être plus gros que ce qu'on appelle un bon état de travail. Un homme de quatorze mains et demie, pour être en bon état de fonctionnement, ne doit pas peser plus de neuf cent cinquante livres. Une main sur quinze ne devrait pas peser plus de mille livres. S'il le fait, ses jambes céderont en très peu de temps et il devra se rendre à l'hôpital. En travaillant une mule avec trop de chair, elle produira des bordures, des éparpilles, des anneaux ou des jarrets tordus. Les muscles et les tendons de leurs petites jambes ne sont pas capables de supporter un poids corporel important pendant un certain temps. Il se peut qu'il ne montre pas, comme je l'ai déjà dit, ses défauts par une boiterie, mais c'est uniquement parce qu'il lui manque ce bon sentiment commun au cheval.

J'ai, aussi singulier que cela puisse paraître, connu des mules évidées, freinées et annelées, et qui pourtant ont été travaillées pendant des années sans présenter de boiterie.

Évitez les mules tachetées ou pommelées ; c'est l'animal le plus pauvre que l'on puisse avoir. Ils ne supportent pas le travail acharné, et une fois qu'ils tombent malades et commencent à perdre des forces, il n'y a plus moyen de les sauver. Les Mexicains les appellent pintos ou mules peintes. Nous les appelons Calico Arabians ou Chickasaws. Ils ont généralement de mauvais yeux, qui deviennent très douloureux pendant la chaleur et la poussière de l'été, lorsque beaucoup d'entre eux deviennent aveugles. Beaucoup de mules blanches comme neige sont de la même description et à peu près aussi inutiles. Les mules au museau blanc, ou, comme certains l'appellent, blanc-nore blanc, et avec des anneaux blancs autour des yeux, ne sont également que peu utiles comme mules de travail. Ils ne peuvent supporter aucune difficulté d'aucune sorte. Le gouvernement, au moins, ne devrait jamais les acheter. En achetant des mules, vous devez bien tenir compte de l'âge, de la forme, de la taille, des yeux, de la taille des os et des muscles et de la disposition ; car ceux-ci sont plus importants que sa couleur. Faites-les bien et vous aurez un bon animal.

Si un gentleman veut acheter une mule pour la selle, qu'il en choisisse une qui soit plus proche de la jument que du cochonnet. Ils sont plus dociles, plus faciles à manier, plus maniables et feront ce que vous voulez avec moins de problèmes que les autres. Si possible, procurez-vous également des juments mules ; ils sont beaucoup plus sûrs et fiables sous la selle, et moins susceptibles de s'entêter. Ils sont également meilleurs qu'un cheval mulet à des fins d'équipe. En bref, si j'achetais des mules pour moi-même, je donnerais au moins quinze dollars de plus pour des mules pour juments que pour des chevaux. Ils sont supérieurs au cheval mulet en tous points. L'une des raisons est qu'ils possèdent toutes leurs facultés naturelles, tandis que vous en privez le cheval en le modifiant.

L'animal le plus désagréable et le plus ingérable, et j'allais dire inutile au monde, est le mulet étalon. Ils ne profitent à personne et pourtant ils sont plus gênants que n'importe quel autre animal. Ils grossissent rarement et s'inquiètent toujours ; et il est presque impossible de les empêcher de se déchaîner et de s'attaquer aux juments. En outre, leur présence parmi les chevaux est extrêmement dangereuse. Ils voleront fréquemment vers le cheval, comme un tigre, et le mordront, le déchireront et le mettront en pièces. Je les ai vus fermer les yeux, devenir furieux et se précipiter sur les hommes et les bêtes pour atteindre une jument. Il est curieux aussi qu'une jument blanche semble avoir pour eux le plus grand attrait. J'ai connu un étalon-mulet qui s'était pris d'affection pour une jument blanche, et il semblait impossible de l'éloigner d'elle. Cependant les mules de toutes sortes semblent avoir une fantaisie particulière pour les juments et les chevaux blancs, et une fois cet attachement formé, il est presque impossible de les séparer. Si vous voulez conduire un troupeau de cinq cents mulets sur une certaine distance, mettez parmi eux une jument blanche ou grise pendant deux ou trois jours, et ils s'attacheront tellement à elle que vous pourrez les chasser et ils la suivront partout. . Laissez simplement un homme conduire la jument, et avec deux hommes montés, vous pourrez gérer tout le troupeau presque aussi bien que s'ils étaient en attelage. Une autre façon de conduire les mules est de mettre une clochette au cou de la jument. Les mules écouteront cette cloche comme beaucoup d'écoliers, et suivront son tintement, avec le même instinct.

Une autre chose curieuse à propos du mulet est la suivante : vous pouvez l'atteler aujourd'hui pour la première fois, et il peut devenir maussade et refuser de faire un pas à votre place. Cela peut être très provocant et peut-être exciter votre colère ; mais ne laissez pas, dix chances contre une, si vous le retirez du harnais aujourd'hui et le remettez demain, qu'il s'en aille immédiatement et fasse tout ce que vous voulez de lui. Il est préférable de toujours habituer un jeune mulet au harnais avant d' essayer de le travailler en équipe. Quand vous le faites pour qu'il n'ait pas peur du harnais, vous pouvez considérer votre mulet aux deux tiers cassée.

J'ai vu affirmer qu'un attelage de mulets était plus facile à manier qu'un attelage de chevaux. Il est impossible qu'il en soit ainsi, parce qu'on ne peut jamais faire un mulet aussi bridé qu'un cheval. Pour prouver davantage que cela ne peut pas être ainsi, laissez n'importe quel réparateur rassembler autant de mules qu'il y a de chevaux dans le « chariot à musique » d'un spectacle ou d'un cirque, et voir ce qu'il peut en faire. Il n'y a pas un seul conducteur qui puisse les retenir avec la même sécurité qu'un cheval, et pour la même raison que chaque fois que le mulet découvre qu'il a l'avantage sur vous, il le gardera malgré tout ce que vous pourrez faire. .

Élevage de mulets . Je n'ai jamais pu comprendre pourquoi presque toutes les personnes qui élèvent du bétail recommandent de grosses et laides juments pour l'élevage de mulets. Le principe est certainement erroné, comme le montrera une petite étude de la nature. Pour produire une bonne mule bien proportionnée, vous devez avoir une bonne jument compacte et utilisable. C'est tout aussi nécessaire que pour le croisement de tout autre animal. Il est certainement plus rentable d'élever de bons animaux que de pauvres ; et on ne peut pas élever de bonnes mules à partir de mauvaises juments, quel que soit le cochonnet. On voit invariablement la mauvaise jument dans la mule flasque aux longues jambes.

Certains de nos officiers ont soutenu que le mulet était un meilleur animal pour le service du gouvernement, parce qu'il nécessitait moins de soins et de nourriture que le cheval, et qu'il restait plus longtemps sans eau. Encore une fois, c'est une grave erreur. Le mulet, s'il est correctement entretenu, nécessite presque autant de fourrage que le cheval et doit être soigné et soigné de la même manière. Je parle maintenant des animaux d'équipe. De telles déclarations font beaucoup de mal, dans la mesure où elles encouragent les hommes qui ont la garde des animaux à les négliger et à les maltraiter. Le conducteur qui entend ainsi son supérieur parler en profitera bientôt. Les animaux de toutes sortes, à l'état sauvage et naturel, ont une façon de se maintenir propres. Si elle était laissée à l'état sauvage, la mule le ferait. Mais lorsque l'homme les prive de privilèges en les ligotant et en les domestiquer, il doit les aider de la manière la plus naturelle à se maintenir purs. Et cette aide, l'animal l'apprécie pleinement.

Comment gérer un poulain mulet. --Les propriétaires et éleveurs de mulets devraient prêter plus d'attention à leurs habitudes lorsqu'ils sont jeunes. Et je leur donnerais ce conseil : quand le poulain aura six mois, mettez-lui un licol et laissez pendre la sangle. Laissez votre sangle mesurer environ quatre pieds de long, afin qu'elle traîne sur le sol. L'animal s'y habituera bientôt ; et quand il l'aura fait, prenez le bout et conduisez-le à l'endroit où vous avez l'habitude de le nourrir. Cela le familiarisera avec vous et augmentera sa confiance. Manipulez ses oreilles de temps en temps, mais ne les serrez pas, car l'oreille est la partie la plus sensible de cet animal. Dès qu'il vous laisse manipuler ses oreilles familièrement, mettez-lui une bride lâche. Mettez-le et enlevez-le fréquemment. De cette façon, vous gagnerez la confiance du poulain et il la conservera jusqu'à ce que vous ayez besoin de lui pour le travail.

En parlant de la sensibilité de l'oreille du mulet, une égratignure, ou la moindre blessure, excitera son entêtement et lui fera peur de vous. J'ai connu l'oreille d'un mulet qui était égratignée par une manipulation brutale, et pendant des mois après, c'était avec la plus grande difficulté qu'on parvenait à le brider. Rien n'est plus important que de bien brider un jeune mulet. J'ai appris par expérience que la meilleure méthode est la suivante : se tenir du côté le plus proche, bien sûr ; prends le haut de la bride dans ta main droite et le mors dans ta gauche ; passez doucement votre bras sur son œil jusqu'à ce que cette partie du bras plie son oreille vers le bas, puis glissez le mors dans sa bouche, et en même temps laissez votre main travailler lentement avec les roulements toujours sur sa tête et son cou, jusqu'à ce que vous ayez a organisé la stalle de tête.

Ce serait une économie de milliers de dollars pour le gouvernement si, en achetant des mules, il pouvait les faire briser le licol et la bride. Les hommes d'écurie, au service du gouvernement, ne prendront pas la peine de les licoler et de leur briser les brides convenablement ; et j'ai vu des centaines de mules, dans la ville de Washington, totalement ruinées en les attachant derrière des chariots alors qu'elles étaient jeunes et en les traînant littéralement dans les rues. Ces mules n'avaient peut-être jamais porté de licol auparavant. Je les ai vus, attachés de cette manière, sauter en arrière, se jeter à terre et être traînés à terre jusqu'à ce qu'ils soient presque morts. Et pire encore, le camionneur cherche invariablement à y remédier en les battant. Dans la plupart des cas, le conducteur les voyait traînés à mort avant de leur donner un coup de main. S'il savait comment appliquer un remède approprié, il est fort probable qu'il ne se donnerait pas la peine de l'appliquer. Je n'ai jamais pu découvrir d'où venait cette pernicieuse habitude d'attacher les mulets derrière les chariots ; mais plus tôt un ordre sera donné pour y mettre un terme, mieux ce sera, car ce n'est rien de moins qu'un supplice coûteux. Le mulet, plus que tout autre animal, veut voir où il va. Il ne peut pas faire cela à l'arrière d'un chariot militaire, même si c'est un excellent plan pour lui de se faire contusionner la tête ou de lui arracher la cervelle.

Certaines personnes accusent le retrait du mulet de vice habituel. J'ai vu des chevaux contracter ce vice et le continuer jusqu'à ce qu'ils se suicident. Mais, dans toute mon expérience avec le mulet, je n'en ai jamais vu un dans lequel c'était un vice établi. Pendant que j'étais chargé de la réception et de la délivrance des chevaux à l'armée, j'ai eu un grand nombre de chevaux grièvement blessés par ce vice de recul. Certains de ces chevaux ont été si gravement blessés à la colonne vertébrale que j'ai dû les envoyer à l'hôpital, alors sous la garde du Dr LH Braley. Certains ont été si grièvement blessés qu'ils sont morts par crises ; d'autres ont été guéris. Même si le mulet a mal au cou, il le supportera comme le bœuf, et au lieu de reculer, comme le fera le cheval, il s'approchera pour le soulager. Ils ne le font pas, comme certains le supposent, à cause de leur plaie, mais parce qu'ils ne sont pas sensibles comme le cheval.

Emballage des mules .--En parcourant un exemplaire du Mason's Farrier, ou Stud Book, de M. Skinner, je trouve qu'il est indiqué qu'une mule est capable d'emballer six ou huit cents livres. M. Skinner n'a évidemment jamais emporté de mules, sinon il n'aurait pas fait une déclaration aussi erronée. J'ai visité tous nos territoires du Nord et de l'Ouest, dans l'Ancien et le Nouveau-Mexique, où presque toutes les affaires se font par des bêtes de somme, des mulets et des ânes ; et j'ai également été parmi les tribus d'Indiens limitrophes des États mexicains, où ils ont adopté dans une large mesure la méthode d'emballage espagnole, et pourtant je n'ai jamais vu d'exemple où une mule pouvait peser six ou huit cents livres. En fait, les habitants de ces pays ridiculiseraient une telle affirmation. Et ici, j'ai l'intention de donner le résultat de ma propre expérience dans l'emballage, ainsi que de celle de plusieurs autres qui suivent depuis longtemps l'entreprise.

J'ai également l'intention de dire quelque chose sur ce que je considère comme le meilleur mode d'emballage, le poids adapté à chaque animal et le gain ou la perte relatif qui pourrait résulter de ce mode de transport, par rapport au transport par chariot. En premier lieu, il ne faut jamais recourir au conditionnement, car cela ne peut être fait avec profit là où les routes sont bonnes et où il y a des chariots et des animaux. Dans les montagnes, dans les déserts et les plaines de sable, où le fourrage est rare et où l'eau n'est disponible qu'à de longs intervalles, le sac est alors une nécessité et peut être utilisé avec profit. Il faut bien comprendre aussi que, pour l'emballage, le mulet de bât espagnol, ainsi que la selle, est le plus approprié. Deuxièmement : la méthode espagnole d'emballage est, entre toutes, la plus ancienne, la meilleure et la plus économique. Grâce à lui, l'animal peut porter un fardeau plus lourd en se blessant moins. Troisièmement : le poids à emballer, dans des circonstances très favorables, ne devrait jamais dépasser quatre cent cinquante livres. Quatrièmement : le bât américain ne vaut rien et ne devrait jamais être utilisé lorsqu'il faut emballer une quantité considérable de poids.

Si j'avais auparavant eu un doute sur ce bât américain, il a été levé par ce qui a été observé il y a trois ans. Alors que nous étions employés au dépôt des quartiers-maîtres, à Washington, DC, comme surintendant des écuries de l'hôpital général, nous avons reçu à un moment donné trois cents mulets sur lesquels l'expérience de l'emballage avec cette selle avait été essayée dans l'armée du Potomac. On a dit qu'il s'agissait d'une des expériences du général Butterfield. Ces animaux ne présentaient aucune preuve d'avoir été emballés plus d'une fois ; mais l'état de leur dos était tel qu'il fallut les placer immédiatement sous traitement médical. Les officiers de l'armée qui ont connu le Dr Braley savent à quel point il a toujours réussi à traiter les animaux du gouvernement et avec quel soin il les traite. Pourtant, malgré toute son habileté, et avec le meilleur abri, quinze de ces animaux moururent mortifiés de leurs blessures et blessures à la colonne vertébrale. Les autres ont mis beaucoup de temps à se rétablir, et lorsqu'ils l'ont fait, leur dos, dans de nombreux cas, a été marqué de telle manière qu'ils les ont rendus impropres à être utilisés pour un usage similaire. C'est l'utilisation du bât américain et le manque de connaissances des responsables quant aux mules adaptées au chargement. L'emballeur expérimenté aurait vu d'un seul coup d'œil qu'une grande partie de ces mules étaient totalement impropres à l'activité. L'expérience fut un échec lamentable, mais coûta au gouvernement quelques milliers de dollars.

Je dois cependant mentionner que la classe de mules sur laquelle cette expérience a été tentée était constituée d'animaux lâches et aux longues jambes, tels que j'ai décrit jusqu'à présent comme étant presque impropres à aucune branche du service gouvernemental. Mais, par tous les moyens, que le gouvernement abandonne le bât américain jusqu'à ce que de nouvelles améliorations y soient apportées.

Maintenant, quant au poids qu'une mule peut transporter. J'ai vu les Indiens Delaware, avec tous leurs effets emballés sur des mules, partir à la chasse au bison. J'ai vu les Potawatamies, les Kickapoos, les Pawnees, les Cheyennes, les Pi-Ute, les Sioux, les Arapahoes, et en fait presque toutes les tribus qui utilisent des mules, les emballent dans la mesure même de leur force, et je n'ai jamais encore vu la mule qui pourrait emballer ce que M. Skinner affirme. De plus, j'affirme ici que vous ne pouvez pas trouver une mule qui puisse peser ne serait-ce que quatre cents livres et conserver sa condition soixante jours. Huit cents livres, M. Skinner, c'est un poids éprouvant pour qu'un cheval puisse traîner sur n'importe quelle distance. Que faut-il donc en penser à dos de mulet ? Les officiers de notre quartier-maître, qui ont été dans les plaines, comprennent parfaitement cette affaire. N'importe lequel de ces messieurs vous dira qu'il n'existe pas un train de cinquante mules, qui puisse transporter en moyenne pendant quarante jours, trois cents livres par animal.

Je vais maintenant vous donner l'expérience de quelques-uns des meilleurs emballeurs de mulets du pays, afin de montrer que ce qui a été écrit sur la force du mulet est calculé pour induire le lecteur en erreur. En 1856, William Anderson, un homme que je connais bien, est parti de la ville de Del Norte pour se rendre à Chihuahua et Durango, au Mexique, sur une distance d'environ cinq cents milles. Anderson et un homme du nom de Frank Roberts étaient responsables du train de meute. Ils possédaient soixante-quinze mules et emballaient des caisses de marchandises sèches, des balles et même des tonneaux. Ils avaient deux chauffeurs mexicains et parcouraient au maximum une quinzaine de kilomètres par jour, tout en prenant le plus grand soin de leurs animaux. Or, le maximum qu'un mulet de ce train pouvait supporter était de deux cent soixante-quinze livres. De plus, ils n'avaient pas plus de vingt-cinq mules sur tout le nombre pouvant contenir deux cent cinquante livres, le poids moyen de l'ensemble du train étant d'un peu moins de deux cents livres. Pour parcourir ces quinze milles par jour, ils devaient faire deux voyages, laissant les animaux s'arrêter pour se nourrir chaque fois qu'ils avaient parcouru sept ou huit milles.
En 1858, ce même Anderson fit ses valises pour l'expédition envoyée à la poursuite des Indiens Serpents. Son train se composait de deux cent cinquante ou trois cents mulets. Ils ont fait leurs valises depuis Cordelaine Mission jusqu'à Walla Walla, dans l'Oregon. Les animaux étaient d'une espèce très supérieure, sélectionnés dans le but d'être emballés dans un très grand lot. Certaines des meilleures de ces mules pesaient trois cents livres, mais au bout de deux semaines elles lâchèrent complètement.
En 1859, ce même Anderson fit ses valises pour un gentleman du nom de David Reese, résidant aux Dalles, à Portland, Oregon. Son train se composait

de cinquante mules, en bon état moyen, dont beaucoup pesaient neuf cent cinquante livres et mesuraient de treize à quatorze mains. Son emballage moyen était de deux cent cinquante livres. La distance était de trois cents milles, et il fallait quarante jours pour aller et revenir. Le travail était tel que près des deux tiers des animaux devenaient pauvres et leur dos était si douloureux qu'ils étaient inaptes au travail. Ce voyage s'est effectué depuis les Dalles, dans l'Oregon, jusqu'à Salmon Falls, sur le fleuve Columbia. Anderson affirme, à la suite de son expérience, qu'en emballant cinquante mules sur une distance de trois cents milles avec deux cent cinquante livres, les animaux seront tellement réduits à la fin du voyage qu'il faudra au moins quatre semaines pour les transporter. remets-les en condition. Cela est également conforme à ma propre expérience.

En 1857, on partit de Fort Laramie, territoire du Nebraska, pour se rendre à Fort Bridger avec du sel, un train de quarante mules. C'était en hiver ; chaque mule était chargée de cent quatre-vingts livres, autant que nous pouvions l'estimer, et le train était confié à la garde d'un homme du nom de Donovan. La météo et les routes étaient mauvaises et le peloton s'est avéré bien trop lourd. Donovan a fait tout ce qu'il pouvait pour faire passer son train, mais a été contraint d'en laisser plus des deux tiers en route. À cette époque de l'année, où l'herbe est pauvre et le temps mauvais, cent quarante ou cent cinquante livres suffisent à n'importe quel mulet pour le transporter.

Il y avait aussi, en 1857, des trains réguliers partant de Red Bluffs, sur la rivière Sacramento, en Californie, jusqu'à Yreka et Curran River. De toutes les mules utilisées dans ces trains, aucune ne pesait plus de deux cents livres. En résumé, il ne faut jamais recourir à l'emballage lorsqu'un autre moyen de transport est disponible. Il s'agit sans aucun doute du moyen de transport le plus coûteux, même lorsque les emballeurs les plus expérimentés sont employés. Si toutefois il était nécessaire que le gouvernement établisse un système d'emballage, ce serait une grande économie d'importer des Mexicains, habitués à ce travail, pour exécuter le travail, et des Américains pour prendre en charge les trains. L'emballage est une activité très laborieuse, et très peu d'Américains s'en soucient ou ont la patience nécessaire pour le faire.

CHAPITRE V.
CONSTRUCTION PHYSIQUE DE LA MULE.

Je propose maintenant de dire quelque chose sur les membres et les pieds du mulet. On remarquera que le mulet a une jambe de carangue depuis le genou jusqu'en bas, et que dans cette partie de la jambe il est faible ; et avec ceux-ci, il doit fréquemment porter le corps d'un cheval. Il va donc de soi que si vous le nourrissez jusqu'à ce qu'il ait deux ou trois cents livres de chair supplémentaire sur lui, comme le font beaucoup de personnes, il s'effondrera faute de force dans les jambes. En effet, le mulet est le plus faible là où le cheval est le plus fort. Ses pieds aussi sont une formation singulière, très différente de celle du cheval. Les pieds du mulet poussent très lentement, et le grain ou les pores du sabot sont beaucoup plus serrés et plus durs que ceux du cheval. Il n'est cependant pas susceptible de se briser ou de s'effriter. Et pourtant ils ne sont pas si bien adaptés aux travaux sur les chemins macadamisés ou pierreux, et plus on met de chair sur son corps, après un poids raisonnable, plus on ajoute aux moyens de sa destruction.

Observez, par exemple, la mule d'un fermier, ou la mule d'un pauvre travaillant en ville. Ces personnes, à de rares exceptions près, nourrissent très peu leurs mules de grains, et elles sont généralement de chair basse. Et pourtant, ils durent très longtemps, malgré les mauvais traitements qu'ils subissent. Lorsque vous nourrissez un mulet, vous devez ajuster les proportions de son corps à la force de ses membres et au type de service qu'il est appelé à accomplir. L'expérience m'a appris que moins vous nourrissez une mule en dessous de ce qu'elle mangera propre, cette quantité de valeur et de vie lui sera retirée.

En ce qui concerne l'alimentation des animaux. Certains se vantent d'avoir des chevaux et des mulets qui mangent peu et sont donc faciles à entretenir. Maintenant, quand je veux acheter un cheval ou un mulet, ces petits mangeurs sont les derniers que je pense acheter. Dans neuf cas sur dix, vous trouverez de tels animaux en mauvais état. Lorsque je trouve des animaux en possession du gouvernement qui ne peuvent pas manger la quantité nécessaire pour les nourrir et leur donner la force nécessaire, je les jette invariablement dehors pour les nourrir jusqu'à ce qu'ils mangent leurs rations. Les animaux, pour être maintenus en bonne condition et aptes à un service convenable, devraient manger leurs dix et douze litres de grain par tête et par jour, avec du foin en proportion, disons douze livres.

Je veux ici encore corriger une erreur populaire, à savoir que le mulet ne mange pas et nécessite beaucoup moins de nourriture que le cheval. Mon expérience a été qu'un mulet haut de douze mains et pesant huit cents livres mange et, en fait, nécessite autant qu'un cheval de dimensions similaires.

Donnez-leur un travail similaire, gardez-les dans une écurie ou campez-les pendant les mois d'hiver, et le mulet mangera plus que le cheval ne veut ou ne peut le faire. Un mulet, cependant, mange presque n'importe quoi plutôt que de mourir de faim. La paille, les planches de pin, l'écorce des arbres, les sacs de céréales, les morceaux de vieux cuir, ne lui font pas de mal lorsqu'il a faim. Il y a eu de nombreux cas, au cours de la fin de la guerre, où un attelage de mules a été trouvé, un matin, debout sur les restes de ce qui avait été, la veille au soir, un chariot du gouvernement. Lorsqu'on en tenait deux ou plus attachés à un chariot, on les voyait se manger la queue jusqu'aux os. Et pourtant l'animal, ainsi privé de son appendice caudal, ne manifestait pas beaucoup de douleur.

Dans le Sud, de nombreuses plantations sont exploitées avec des mulets conduits par des nègres. Le mulet semble comprendre et apprécier le nègre ; et le nègre a une sorte de sympathie pour le mulet. Tous deux sont lents et têtus, et pourtant ils s'entendent bien. Le mulet est également bien adapté au travail des plantations et survivra plus longtemps qu'un cheval. Le sol est également léger et sableux, mieux adapté aux pieds du mulet. Un nègre n'a pas beaucoup de sympathie pour un cheval de trait, et en peu de temps il le ruinera par des abus, tandis qu'il partagera son blé avec le mulet. Le travail du sol dans les plantations du sud ne met pas non plus à rude épreuve la puissance du mulet.

La valeur d'un attelage correct .--Dans le travail de tout animal, et plus particulièrement du mulet, il est à la fois humain et économique de le faire atteler correctement. À moins qu'il ne le soit, l'animal ne peut pas accomplir le travail dont il est capable avec aisance et confort. Et vous ne pouvez pas surveiller de trop près que chaque chose fonctionne à sa place. Commencez par la bride et veillez à ce qu'elle ne le frotte pas ou ne le coupe pas. La bride aveugle de l'armée, avec la modification du mors attachée, est la meilleure bride qui puisse être utilisée sur un cheval ou un mulet. Attention cependant à ce que la couronne ne soit pas trop serrée. Faites également attention à ce qu'il ne dessine pas de rides sur les côtés de la bouche de l'animal, car le mors, en travaillant contre celles-ci, ne manquera pas de rendre la bouche de l'animal douloureuse. La bouche du mulet est une partie très difficile à soigner, et une fois qu'elle est douloureuse, il devient inapte au travail. Votre bride doit être bien ajustée à la tête du mulet avant d'essayer de l'y faire monter. Laissez votre ligne d'appui détendue, afin de laisser au mulet le privilège d'apprendre à marcher tranquillement avec le harnais. Il arrive trop souvent que les yeux des mulets qui travaillent au service du gouvernement soient blessés par le fait que les stores travaillent trop près des yeux. Cela est dû au fait que l'étai est trop serré ou peut-être pas assez séparé entre les yeux et les oreilles. Ce support doit toujours être suffisamment haut pour permettre aux stores de se tenir à au moins un pouce et demi de l'œil.

Une autre partie encore plus essentielle du harnais est le collier. Plus de mules sont mutilées et même complètement ruinées par des colliers mal ajustés que ne le croient généralement les quartiers-maîtres. Il faut plus de jugement pour ajuster correctement un collier sur une mule que pour ajuster toute autre partie du harnais. Obtenez votre collier suffisamment long pour boucler la sangle près du dernier trou. Examinez ensuite le fond et assurez-vous qu'il y a suffisamment d'espace entre le cou ou la trachée de la mule pour y poser facilement votre main ouverte. Cela laissera un espace entre le collier et le cou de la mule de près de deux pouces. Hormis le cou plissé, les cous des mules ont presque tous la même forme. Ils varient en effet aussi peu au niveau du cou que des pieds ; et ce que je dis sur le collier s'appliquera à tous. Le conducteur a toujours les moyens entre ses mains de remédier à un collier mal ajusté. Si l'animal ne travaille pas facilement, s'il le pince quelque part, laissez-le rester dans l'eau toute la nuit, mettez-le mouillé sur l'animal le lendemain matin, et en quelques minutes il prendra la formation exacte du cou de l'animal. Assurez-vous qu'il est correctement ajusté au-dessus et au-dessous des crochets, alors l'impression que prend le collier dans sa forme naturelle sera supérieure à la meilleure habileté mécanique du meilleur harnacheur.

Il y a autre chose concernant les colliers, qui, à mon avis, est très importante. Quand on fait un voyage avec des attelages de mulets, là où le foin et le grain sont rares, les animaux deviennent naturellement pauvres et leur cou devient mince et petit. Si une fois le collier devient trop grand et que vous n'avez aucun moyen de l'échanger contre un collier plus petit, vous devez bien sûr faire de votre mieux. Maintenant, enlevez d'abord le collier de l'animal, posez-le sur un niveau et coupez à environ un pouce du centre. Lorsque vous avez fait cela, essayez à nouveau sur l'animal ; et s'il reste encore trop grand, prenez-en un peu plus de chaque côté du centre jusqu'à ce que vous obteniez le bon résultat. De cette façon, vous pouvez effectuer le remède dont vous avez besoin.

En accomplissant un long voyage, les animaux, s'ils sont conduits durement, vous montreront bientôt où le collier doit être coupé. Ils ont généralement mal à la partie extérieure de l'épaule, et cela à cause de l'atrophie musculaire. Les Teamsters des plaines et des Territoires de l'Ouest coupaient tous les cols lorsqu'ils partaient en voyage. Il faut ensuite moins de temps pour les adapter aux équipes, et pour les atteler et les dételer.

Lorsque vous découvrez où le collier a blessé l'épaule, coupez-le et retirez suffisamment de rembourrage pour éviter que le cuir ne touche la plaie. De cette façon, l'animal retrouvera bientôt ses épaules saines. Laissez pendre la partie du cuir que vous avez coupée, afin que lorsque vous enlevez le rembourrage, vous puissiez le remettre en place et empêcher qu'il n'en sorte plus que ce qui est réellement nécessaire.

Assurez-vous que vos hames s'ajustent bien, car ils sont d'une grande importance dans le dessin d'un mulet. À moins que vos hames ne s'ajustent bien à votre collier, vous êtes sûr d'avoir des problèmes avec votre harnais et votre mule fonctionnera mal. Certaines personnes pensent que, parce qu'un mulet peut être habitué à travailler avec presque n'importe quel objet pour un harnais, on économise de l'argent en le laissant faire. C'est une grave erreur. Vous réalisez la meilleure économie lorsque vous l'exploitez bien et que vous rendez son travail confortable. En effet, une mule peut faire plus de travail avec un collier et un harnais mal ajustés qu'un homme ne peut marcher avec une botte mal ajustée. Essayez vos hames et serrez-les suffisamment au sommet du cou de la mule pour qu'ils ne fonctionnent pas ou ne roulent pas. Ils doivent être suffisamment serrés pour bien s'ajuster sans pincer le cou ou l'épaule et, in fine, être aussi ajustés qu'un col de chemise d'homme.

Ne descendez pas trop bas la partie renflée de votre col. Si vous le faites, vous interférez avec la machinerie qui propulse les pattes avant du mulet. Encore une fois, si vous le montez trop haut, vous gênez immédiatement son vent. Il y a un endroit précis pour le renflement du col, et c'est sur la pointe de l'épaule de la mule. Certaines personnes utilisent un coussinet en peau de mouton sur le bout du col. Enlevez-le, car cela ne sert à rien, et procurez-vous un morceau de cuir épais, sans plis, long de dix ou douze pouces et large de sept ; fendez-le en travers à environ un pouce de chaque extrémité, en laissant environ un pouce au centre. Installez-le à la place du coussinet en peau de mouton et vous obtiendrez un tour de cou moins cher, plus durable et plus frais pour l'animal. On ne peut pas garder le cou d'une mule en bon état avec des coussinets chauffants et matelassés. Il en va de même pour les selles rembourrées. J'ai peut-être monté autant que n'importe quel autre homme de mon âge dans le service, et pourtant je n'ai jamais pu maintenir le dos d'un cheval en bon état avec une selle rembourrée lorsque je parcourais plus de vingt-cinq ou trente milles par jour.

Il y a un autre mal auquel il faudrait remédier. Je parle maintenant de la gorge. Des centaines de mules sont dans une certaine mesure ruinées en laissant le loquet à gorge être trop serré. Un serrement de gorge serré lui donne invariablement mal à la tête. En outre, cela interfère avec une partie qui, sans cela, vous n'auriez pas le mulet : son vent. J'ai souvent vu des têtes de mulets tellement blessées par le collier qu'elles ne permettaient pas de les brider, ni même de leur toucher la tête. Et pour brider un mulet souffrant d'un mal de tête, il faut un peu plus de patience que la nature n'en donne généralement à l'homme.

Laissons de côté les oreilles d'un mulet. C'est très fréquent chez les routiers et autres, lorsqu'ils veulent atteler des mules, les attraper par les oreilles, leur faire des tics aux oreilles. Même les forgerons, qui devraient certainement en savoir plus, ont l'habitude de se mettre des pinces et des contractions dans les oreilles lorsqu'ils les ferrent. Aujourd'hui, contre toutes ces pratiques barbares et inhumaines, j'exprime ici, au nom de l'humanité, ma protestation. L'animal devient presque sans valeur à cause des blessures causées par de telles pratiques. Il existe des cas extrêmes dans lesquels on peut recourir à la contraction, mais elle doit dans tous les cas être appliquée au nez, et seulement alors, lorsque tous les moyens plus doux ont échoué.

Mais il existe une autre méthode, bien meilleure, pour manipuler et vaincre les vices des mules réfractaires. Je fais référence au lariat. Jetez le nœud coulant sur la tête du mulet indiscipliné, puis traînez-le avec précaution jusqu'à un chariot, comme pour le brider. S'il est extrêmement difficile à brider ou vicieux, jetez-lui un lasso ou une corde supplémentaire par-dessus la tête, en la fixant exactement comme représenté sur le dessin. Par cette méthode, vous pouvez tenir n'importe quelle mule. Mais même cette méthode ferait mieux d'être évitée, à moins qu'elle ne soit absolument nécessaire.

Nous sommes en août 1866. Nous travaillons cinq cent cinquante-huit bêtes, depuis six heures du matin jusqu'à sept heures du soir, et sur ce nombre nous n'avons pas dix bêtes douloureuses ou écorchées. La raison en est que nous n'utilisons pas une seule selle ou un seul collier rembourré. De plus, la partie du harnais qui subit la plus forte contrainte reste aussi lisse et souple que possible. Regardez bien aussi vos chaînes de tirage, et veillez à ce qu'elles soient maintenues de même longueur. Si votre collier devient gommeux ou sale, ne le grattez pas avec un couteau ; lavez-le et préservez la surface lisse. Votre culasse, ou harnais de roue, est également un autre élément très important ; veillez à ce qu'il ne coupe pas et ne frotte pas l'animal au point de lui enlever les poils ou de blesser la peau. Si vous le serrez trop, il est impossible pour l'animal de s'étirer et de marcher librement. En plus de gêner la démarche de l'animal, les sangles maintiendront le collier et les hames si serrés contre son épaule qu'elles lui feront mal au dessus du cou. Ces sangles doivent toujours être suffisamment détendues pour permettre à la mule une liberté parfaite lors de sa meilleure marche.

Et maintenant, j'ai quelques mots à dire sur les wagons du gouvernement. Les wagons du gouvernement, tels qu'ils sont fabriqués aujourd'hui, peuvent être utilisés à d'autres fins que celles de l'armée. Il a été prouvé que le grand chariot du gouvernement est trop lourd pour quatre chevaux. Le plus petit est plus proche de la droite ; mais chaque fois que vous y transportez un chargement ordinaire (le plus petit) et que vous avez à traverser un pays difficile, il cédera. Il est trop lourd pour deux chevaux et une légère charge, mais pas assez lourd pour transporter vingt-cinq cents ou trois mille livres, soit une charge de quatre chevaux, lorsque les routes sont en mauvais état. Ils se débrouillent assez bien dans les villes, dans les postes établis et même partout où les routes sont bonnes, et ils ne sont pas soumis à beaucoup de tension. Des améliorations au wagon gouvernemental ont été tentées, mais le résultat a été un échec. Plus vous pouvez obtenir de tels wagons de manière simple, mieux c'est, et c'est pourquoi l'original reste encore le meilleur. Il existe cependant une grande différence dans le matériau utilisé, et certains fabricants fabriquent de meilleurs wagons que d'autres. Le wagon à six et huit mulets, le plus grand gabarit utilisé pour les routes et les champs, est, à mon humble avis, le mieux adapté aux usages de notre armée américaine.

Pendant la rébellion, on a utilisé un grand nombre de chariots qui n'étaient pas du modèle militaire. L'un d'eux, je me souviens, s'appelait le chariot Wheeling, et était utilisé dans une large mesure pour des travaux légers et fonctionnait bien. C'est pour cette raison que beaucoup de personnes les recommandèrent. Je ne le pourrais pas, et pour cette raison : ils sont trop compliqués et beaucoup trop légers pour porter la charge ordinaire d'un attelage de six mulets. À la fin de la guerre, il a été démontré que le wagon modèle militaire avait été plus travaillé, moins réparé et était en meilleur état que tout autre wagon utilisé. Je fais maintenant référence à ceux fabriqués à Philadelphie, par Wilson & Childs, ou Wilson, Childs & Co. Ils sont connus dans l'armée sous le nom de Wilson wagon. Le meilleur endroit pour tester la durabilité d'un wagon est dans les plaines. Exécutez-le là, un été, quand il y a peu de temps pluvieux, où il y a toutes sortes de routes à parcourir et des charges à transporter, et s'il tient, il résistera à tout. Le frein de wagon, au lieu de la chaîne de verrouillage, est une amélioration importante et très précieuse apportée pendant la guerre. Avoir un frein sur le chariot évite le temps et la peine de s'arrêter au sommet de chaque colline pour verrouiller les roues, et encore une fois en bas pour les déverrouiller. Les officiers de l'armée savent combien cela causait des troubles, combien cela bloquait les routes et retardait les mouvements des troupes impatientes d'avancer. La chaîne de verrouillage a rectifié le pneu du wagon à un endroit. Le frein sauve cela ; et cela évite également au cou de l'animal les ecchymoses et les frottements liés à la tension morte qui était nécessaire pour tirer la roue bloquée.

Il existe une autre difficulté qui a été surmontée grâce au frein de chariot. En s'arrêtant pour bloquer les roues au sommet d'une colline, votre train se met en désordre. Dans la plupart des cas, lorsque les trains circulent sur la route, il y a un espace de dix à quinze pieds entre les wagons. Chaque équipe fermera donc naturellement cet espace lorsqu'il s'agira de l'endroit où s'arrêter pour verrouiller. Maintenant, à peu près au moment où le premier équipier bloque sa roue, celui qui se trouve derrière lui descend du véhicule dans le même but. Ceci se répétant tout au long du train, il n'est pas difficile de voir combien l'espace doit s'accroître, et l'irrégularité s'ensuit. Plus vous devez verrouiller de wagons avec la chaîne porte-câbles, plus vous séparez les équipes. Lorsqu'un grand nombre de wagons se déplacent ensemble, il s'ensuit naturellement que, avec un arrêt comme celui-ci, les équipes à l'arrière doivent faire vingt-cinq arrêts, ou arrêts et départs, pour tous ceux que fait l'équipe de tête.

Lorsque le conducteur de la deuxième équipe s'apprête à verrouiller, la première, ou équipe en tête, démarre. Cela excite le mulet du second à faire de même, et ainsi tout au long du train. Cela irrite le conducteur, qui est obligé de courir et d'attraper les mulets par la tête, de les faire arrêter et de bloquer ses roues. Dans neuf cas sur dix, il perdra du temps à punir ses animaux pour ce qu'ils ne comprennent pas. Il ne pense pas un seul instant que le mulet a l'habitude de démarrer lorsque le chariot qui le précède se déplace et suppose qu'il fait son devoir. Dans de nombreux cas, après avoir bloqué ses roues, il avait tellement excité ses mules qu'elles dévalaient la colline, paralysaient certains hommes, cassaient le wagon, provoquaient un "écrasement" dans le train et détruisaient peut-être le train. les rations et les vêtements mêmes dont dépendait la vie de certains pauvres soldats. Nous savons tous quels retards et quel désastre ont résulté de ce blocage des routes. Le frein, grâce à l'inventeur, offre un remède à tout cela. Cela permet également de sauver le cou et les épaules de chaque animal du train ; cela sauve les pieds des rouleurs ; cela sauve le harnais; cela évite aux mules de plomb et d'oscillation d'être arrêtées si vite qu'elles se coupent ; et cela économise les roues au moins vingt pour cent. Ceux qui ont vu des chariots renversés dans des précipices, ou qui ont travaillé et lutté dans la boue et l'eau deux ou trois heures d'affilée, peuvent facilement comprendre combien de temps et d'ennuis auraient pu être évités si le chariot avait pu être verrouillé d'une manière ou d'une autre après avoir recommencé. ces endroits. Le meilleur frein, à toute attente, est celui qui s'attache avec une chaîne à levier à la barre de frein. Je n'aime pas ceux qui s'attachent avec une corde, et pour cette raison que le conducteur paresseux peut s'asseoir sur la selle-mulet et la verrouiller et la déverrouiller, tandis qu'avec la chaîne et le levier, il doit descendre. Il soulage ainsi le dos du mulet-selle.

Nous savons tous qu'en montant des mules sur des pentes raides ou longues, vous contribuez grandement à les raidir et à les user.

CHAPITRE VI.
QUELQUE CHOSE DE PLUS SUR L'ÉLEVAGE DE MULES.

Avant de terminer cet ouvrage, je désire dire quelque chose de plus sur l'élevage des mules. C'est depuis longtemps une erreur populaire selon laquelle pour obtenir un bon poulain mulet, il faut se reproduire à partir de grandes juments. La jument compacte et de taille moyenne est de toute évidence l'animal supérieur pour élever des mules. L'expérience m'a convaincu que les très grandes mules sont à peu près aussi inutiles pour le service militaire que les très grands hommes le sont pour les soldats. Vous ne pouvez pas en tirer beaucoup de service non plus. L'un est doué pour détruire les rations ; l'autre à abaisser les meules de foin et les bacs à maïs. De tout le nombre que nous avions dans l'armée, je n'ai jamais vu six de ces grandes mules envahies par la végétation et qui nous étaient d'une grande utilité. En effet, je n'ai pas encore vu la valeur d'un animal qui court ou se précipite vers une prolifération. Il en va de même pour l'homme, la bête ou le végétal. J'obtiendrai la taille moyenne de l'un ou l'autre et vous reconnaîtrez la supériorité.

Le seul avantage que ces grandes juments peuvent donner au mulet réside dans la taille des pieds et des os qu'elles peuvent donner. Plus les os et les pieds sont lourds, mieux c'est. Et pourtant, on peut rarement obtenir cela, et pour la raison que j'ai déjà donnée, que la jument, dans dix-neuf cas sur vingt, se reproduit près du mâle, plus particulièrement au niveau des pieds et des membres. La façon dont vous croisez des juments et des ânes ne fait aucune différence, le résultat est presque certain d'être le corps d'un cheval, les jambes et les pieds d'un âne, les oreilles d'un âne et, dans la plupart des cas, les marques d'un âne.

La nature a orienté ce croisement pour le mieux, car plus la jument se reproduit près du cochon, meilleure est la mule. Les mules les plus marquées et les plus profondes des différentes couleurs, j'ai invariablement trouvé qu'elles étaient les meilleures. Qu'est-ce qui rend le mulet mexicain robuste, soigné, robuste, bien marqué après le cric et donc utilisable ? Il ne s'agit ni plus ni moins d'un élevage à partir de juments mexicaines ou mustangs saines, utiles, compactes et pleines d'entrain. En croisant ces animaux, vous devez en fait faire preuve du même jugement que vous le feriez si vous vouliez produire un bon cheval de course ou de trot.

On nous dit, dans le Stud Book de Mason et Skinner, que dans l'élevage de mulets, les juments doivent avoir un gros canon, de petits membres, une tête de taille moyenne et un bon front. Il me semble que nos officiers trouveront là une recommandation très nouvelle. Les membres et les pieds du mulet sont les mêmes parties que vous souhaitez aussi grandes que possible, comme le savent tous ceux qui ont eu beaucoup à voir avec l'animal. On trouve rarement un mulet qui a des pattes aussi grandes qu'un cheval. Mais le mulet, ayant le corps d'un cheval, va grossir, se remplir et devenir aussi lourd que le corps d'un cheval de taille moyenne. Ayant donc à transporter cette quantité supplémentaire de graisse et de chair sur les jambes et les pieds fins d'un âne, vous pouvez facilement voir quel doit être le résultat. Non; vous serez parfaitement en sécurité en obtenant votre mule aussi grande que possible. Et par tous les moyens, laissez la jument à partir de laquelle vous vous reproduisez avoir un bon bloc de pied sain et sain. Le poulain aura alors une chance d'en hériter une partie. Il est naturel que plus vos pieds sont grands, plus il voyagera de manière stable. Certains vous diront que ces petites pattes sont naturelles et mieux adaptées à l'animal. Mais ils oublient que le mulet n'est pas un animal naturel, seulement une invention de l'homme. Que votre jument et votre valet soient chacun de taille moyenne, le valet bien marqué, et n°1 de son espèce, et je prendrai le produit et porterai tout autre style de race. En effet, il vous suffit de faire appel à votre meilleur jugement pour vous convaincre de ce qui résulterait de mettre un valet de sept ou huit mains de haut sur une jument de seize ans ou plus.

J'ai été témoin de résultats curieux dans l'élevage de mulets, et qu'il conviendrait peut-être de mentionner ici. J'ai souvent vu des cas où l'un des meilleurs ânes du pays avait été mis sur des juments de bonne qualité et d'un bon moral. Les soumettre à des animaux aussi méprisables semblait les dégrader, détruire leur volonté et leur caractère naturels. Le résultat fut une sorte de mulet bâtard, un animal aux petites pattes, aux petits pieds, lâche, héritant de tous les vices du mulet et d'aucune des vertus du cheval, le plus méchant de son espèce.

CHAPITRE VII.
HISTOIRE ANCIENNE DU MUL.

La mule semble avoir été utilisée par les anciens de manières très diverses ; mais ce qui aurait dû motiver sa production doit rester à jamais un mystère. Qu'ils aient découvert très tôt sa grande utilité pour faire de longs voyages, escalader des montagnes et traverser des déserts brûlants et, lorsque les moyens de subsistance et l'eau étaient rares et que les chevaux auraient péri, est bien établi. Le fait qu'il se remettrait bientôt des graves effets de ces voyages longs et éprouvants devait également être d'une grande valeur à leurs yeux. Mais même s'ils l'appréciaient pour son utilité, ils ne semblent pas avoir eu la moindre vénération pour lui, comme ils l'avaient pour certains autres animaux. Je suis donc amené à croire que c'est sa grande utilité dans la traversée des déserts sablonneux qui a conduit à sa production. C'est aussi une preuve que là où l'âne était à portée de main, il y avait aussi le cheval, sinon le mulet n'aurait pas pu être produit. Toute personne ayant suffisamment de connaissances pour produire le mulet aurait aussi eu suffisamment de connaissances pour découvrir la différence entre lui et le cheval, et aurait donné la préférence au cheval dans tous les services, sauf celui que je viens de décrire. Et pourtant, au début de l'histoire du monde, nous voyons des hommes de haut rang, et même des dirigeants, les utiliser dans des occasions officielles et similaires ; et cela alors qu'on aurait pu supposer que le cheval, étant l'animal le plus noble, aurait fait plus d'étalage.

Les Écritures nous disent qu'Absalom, lorsqu'il conduisait les armées rebelles contre son père David, montait sur une mule, qu'il montait sous un chêne et se pendit par les cheveux de sa tête. Puis, encore une fois, nous entendons parler du mulet lors de l'investiture du roi Salomon. Il est raisonnable de supposer que le cheval aurait été utilisé à cette grande occasion s'il avait été présent. D'un autre côté, il n'est pas raisonnable de supposer que l'âne, ou tout ce qui lui appartient, était tenu en haute estime par une nation qui croyait que Dieu lui avait ordonné, par l'intermédiaire de son prophète Moïse, de ne pas travailler le bœuf et le bétail. cul ensemble. Il faut en déduire que l'âne n'était pas tenu en très haute estime, et que l'interdiction avait pour but de ne pas dégrader le bœuf, celui-ci étant de cette famille dont les mâles parfaits étaient utilisés pour le sacrifice. Bien entendu, l'âne n'était jamais autorisé à apparaître sur l'autel sacré. Et pourtant, Celui qui est venu sauver notre race déchue, ouvrir les portes du ciel et accomplir les paroles du prophète, chevauchait une femelle de cette race d'animaux apparemment dégradée lorsqu'Il faisait sa marche triomphale dans la ville du temple du Dieu vivant.

Liste des mulets reçus, morts et abattus au dépôt de Washington, DC, du 1er février 1863 au 31 juillet 1866.

Mois	1863			1864			1865			1866		
	Reçu	Décédé	Tir	Reçu	Décédé	Tir	Reçu	Décédé	Tir	Reçu	Décédé	Tir
Jan.	..	..	..	624	14	76	3 677	66	226	169	..	..
Fév.	135	96	7	329	16	62	1 603	84	150	34	2	1
Mar.	2 552	150	4	448	dix	64	2 823	77	169	13	..	..
Avr.	2 906	118	61	1 305	15	47	6 102	106	223	29	1	..
Peut.	1 087	56	46	2 440	18	52	11 780	68	211	20	1	..
Juin.	3 848	120	118	4 410	76	48	19 304	178	49	2	..	..
Juillet.	1 731	94	335	4 702	74	125	13 398	462	68	62	..	..
Août.	5 250	51	159	5 431	88	231	1 275	284	23	..	..	..
Sep.	2 834	72	248	1 198	64	176	1 536	3	18	..	..	..
Octobre.	1 166	36	202	1 468	81	134	876	..	..	..	..	..
Nov.	2 934	30	204	3 036	35	123	252	3	..	..	..	..
Déc.	2 832	14	113	3 923	66	158	324	4	..	..	..	..
Total	27 275	837	1 497	29 414	557	1 296	62 950	1 335	1 137	329	4	1

DATE	REÇU	DÉCÉDÉ	TIR
1863	27 275	837	1 497
1864	29 414	557	1 296
1865	62 950	1 335	1 137
1866	329	4	1
Total	119 968	2 733	3 931

PHOTOS DE CERTAINES DE NOS MULES DE L'ARMÉE LES PLUS CÉLÉBRÉES.

J'ai fait prendre des photos de certaines de nos mules. Un certain nombre de ces animaux ont rendu des services extraordinaires au sein de l'armée du Potomac et de l'armée occidentale. L'un d'eux, animal remarquable, fit le grand tour de la campagne de Sherman, et présente un intérêt historique. Je vous propose de vous donner ces illustrations selon leurs numéros.

Le numéro 1 est donc un attelage de six mulets très remarquable. Il a été aménagé à Berryville, Maryland, au début du printemps 1861, sous les directions du capitaine Sawtelle, AQM. Ce sont toutes de petites mules compactes, et je les ai fait photographier afin de les montrer ensemble. Les leaders et le swing, ou, comme certains les appellent, les leaders intermédiaires, travaillent ensemble de manière constante dans la même équipe depuis le 31 décembre 1861. Ils sont également conduits par le même chauffeur, un homme de couleur, du nom d'Edward. Wesley Williams. Il fut avec le capitaine Sawtelle jusqu'au 1er mars 1862 ; a ensuite été transféré, avec son équipe, à la ville de Washington et placé sous la direction d'un chef de wagon du nom de Horn, qui appartenait à Harrisburg, en Pennsylvanie. Wesley a pris bien soin de son équipe et a été constamment au travail avec elle. à Washington, jusqu'au 14 mai 1862. Il fut ensuite transféré, avec son équipe, dans un train qui reçut l'ordre de rejoindre le général McClellan à Fort Monroe. Il suivit ensuite la fortune de l'armée du Potomac jusqu'à la péninsule ; était au siège de Yorktown, à la bataille de Williamsburg et dans les marais du Chickahominy. Il participa également aux batailles de sept jours et fut élevé à Harrison's Landing avec l'armée du Potomac. Il reconduisit ensuite son équipe à Fort Monroe, où ils furent expédiés, avec les animaux de l'armée du Potomac, à destination de Washington. Il fut mis au travail dès qu'il atteignit un atterrissage et participa au transport de munitions lors de la deuxième bataille de Bull Run. Il suivit ensuite l'armée jusqu'à Antietam, et de ce champ de bataille jusqu'à Fredericksburg, où il transporta des munitions lors du terrible désastre dirigé par le général Burnside. L'équipe appartenait alors à un train dont John Dorny était le chef de wagon. Lorsque le général Hooker prit le commandement de l'armée, cette équipe le suivit lors des combats de Chancellorville et de Chantilly. Il suivit également l'armée du Potomac jusqu'à ce que le général Grant en prenne le commandement, lorsque le train auquel il appartenait fut envoyé à City Point. Cela nous amène à 1864. C'était avec l'armée devant Pétersbourg, et, pendant cet hiver, le mulet en selle fut tué par un tir ennemi alors que l'attelage allait chercher un chargement de bois. Bref, ils travaillèrent tous les jours jusqu'à la prise de Richmond. En juin 1865, ils furent de nouveau transférés à la ville de Washington. Nous sommes maintenant en août 1866, ils travaillent toujours dans le train et forment l'une des meilleures équipes que nous ayons. Je parle maintenant des chefs et des mulets volants, car ils sont les quatre seuls qui soient ensemble, et qui ont suivi l'armée du Potomac dans toutes ses campagnes. Il n'y a pas une mule sur quatre qui mesure plus de quatorze mains et demie, et pas une seule qui pèse plus de neuf cents livres. Cette équipe, je dois l'ajouter ici, s'est souvent retrouvée sans une bouchée de foin ou de grain pendant quatre ou cinq jours, et sans rien à manger que ce qu'elle pouvait ramasser le long de la route. Et il y a des cas où ils sont restés vingt-quatre heures sans boire une gorgée d'eau. L'œil expérimenté verra qu'ils ont un corps rond, compact et qu'ils se tiennent bien debout.

Le n° 2 est le chef de l'équipe, et pour les travaux légers dans les prairies, l'emballage ou tout autre travail similaire, est un modèle de mule. En effet, elle ne peut être surpassée. Ses os et ses muscles sont pleins et elle n'est pas encline à courir vers la chair.

Le n°3 est le hors-leader de la même équipe. C'est une bonne mangeuse, dure, robuste et bonne travailleuse, c'est à tous points de vue une mule de première classe. Je conseillerais aux personnes qui achètent des mules de remarquer sa forme. Elle a les genoux un peu sautés ; mais cela ne l'a en rien gêné dans son travail. Cela était dû au fait que les talons de ses avant-pieds poussaient trop. Pendant et pendant quelque temps après la deuxième bataille de Bull Run, le train auquel elle appartenait fut soumis à un travail très dur. Les chaussures qu'elle portait à ce moment-là, pour reprendre le langage du conducteur, étaient « mises pour rester ». En effet, il m'a informé qu'ils duraient si longtemps qu'il a conclu qu'ils avaient atteint les pieds. Et dans ce cas, comme dans bien d'autres, faute de connaître un peu les particularités des pieds d'un mulet et les blessures qui résultent d'une croissance excessive, l'animal a dû souffrir et a été blessé à vie.

Le n ° 4 est la mule hors élan ou leader intermédiaire. Elle est parfaitement saine, de bonne taille, bonne mangeuse et grande travailleuse. Elle est également bien adaptée au transport et constitue une assez bonne cavalière. Ses oreilles et ses yeux sont de la plus haute qualité, et toute sa tête indique l'intelligence. Ses parties avant sont la perfection elle-même. Elle est aussi remarquablement gentille.

Le n°5 est le mulet le plus proche, ou le leader du milieu. Elle est ce qu'on appelle une couleur de souris et est la mule la plus grosse de l'équipe. Elle a subi toutes les campagnes de l'armée du Potomac, et est aujourd'hui sans défaut et capable de faire autant de travail que n'importe quelle mule de la meute. Ses pouvoirs d'endurance, ainsi que sa capacité à résister à la famine et aux abus, sont au-delà de toute description. J'ai fait construire avec moi des mules d'elle dans des trains, dans les Territoires de l'Ouest, qui ont enduré des épreuves et la famine à un degré presque incroyable ; et pourtant ils étaient remarquablement gentils lorsqu'ils étaient bien traités, et me suivaient comme des chiens et essayaient même de me montrer combien ils pouvaient endurer sans broncher.

Le n° 6 est une mule sans roues, de qualité ordinaire. J'ai dû retirer les mules tachetées des roues de cet attelage, car elles n'étaient pas à la hauteur du travail qu'on leur demandait, et j'avais très mal devant.

Le n ° 7 est un tacheté, ou, comme le. Les Mexicains les appellent une mule calicot. Lui et son compagnon furent envoyés dans l'armée du Potomac à peu près au moment où le général Grant en prit le commandement. Ils furent travaillés comme mules à roues dans l'équipe jusqu'en 1866, date à laquelle celui-ci, comme presque tous les animaux tachetés, montra ses parties faibles en relâchant ses pattes antérieures, qui se contractèrent à tel point que le chirurgien dut les couper presque. désactivé. Nous avons été obligés de le laisser pieds nus jusqu'à ce qu'il grandisse. C'est l'une des mules tachetées dont j'ai déjà parlé. Vous ne pouvez jamais compter sur eux.

Le numéro 8 est le compagnon du numéro 7. Son talon, ses oreilles et son épaule avant indiquent qu'il est de souche canadienne. Son cou et son épaule avant, comme vous le verrez, sont irréprochables. Mais en regardant attentivement ses yeux, vous constaterez qu'ils sont douloureux et que l'eau coule continuellement. J'ai remarqué que presque tous les animaux de l'armée ainsi marqués ont les yeux faibles et enflammés. Un agriculteur ne devrait jamais les acheter.

Le n°9 est une mule pivotante qui a subi de nombreuses épreuves. Elle est assez bien formée mais encline à donner des coups de pied. Elle est également difficile à maintenir en bonne condition, et si on n'y prend pas grand soin, elle céderait au niveau des pattes postérieures, où elle montre maintenant une plénitude considérable. Lorsque le cou d'une mule n'a pas l'épaisseur ordinaire, il doit y avoir une cause directe à cela, et vous devriez vous efforcer de découvrir de quoi il s'agit. Le manque de nourriture en est parfois la cause. Mais à mon avis, le cou plissé affecte très souvent tellement les passages vers et depuis la tête, que les organes qui devraient travailler au dépôt de chair, de graisse ou de muscle deviennent dérangés, et le cou devient faible et dans un état désordonné. Les acheteurs feraient bien de se débarrasser de ces mules au col froissé.

Le n° 10 est un animal d'un caractère entièrement différent du n° 9. Elle est remarquablement douce et docile, de bonne forme et d'une grande endurance, et travaillera de toutes les manières. Elle mesure quinze mains et un pouce de haut, pèse dix cent cinquante livres et a sept ans. Ce célèbre animal a participé à toutes les campagnes du général Sherman et est aujourd'hui aussi sain et actif qu'un enfant de quatre ans.

Le n° 11 est un de ces animaux particuliers que j'ai décrits ailleurs. Il n'a que des os et du ventre. Ses jambes sont longues et peu utiles comme jambes. Il a cinq ans, mesure seize mains et demie et pèse treize cent quatre-vingt-dix livres. Une de ses pattes postérieures présente une épingle approfondie. Ses jarrets sont tous déformés et ses jambes sont enfoncées dans ses sabots selon le même principe que celui utilisé pour enfoncer un poteau dans le sol. La raison pour laquelle ses articulations du paturon sont si droites est que les talons des pattes postérieures ont été mal coupés lors du rasage. Eux aussi ont été autorisés à grandir trop longtemps, et ainsi il est jeté dans la position dans laquelle vous le voyez maintenant. Ce mulet appartient à une classe très élevée et très appréciée en Pennsylvanie. Dans l'armée, ils ne servaient à rien, sauf à dévorer le fourrage.

Le n° 12 est ce qu'on peut appeler un mulet de bât de première classe. Il a sept ans, mesure quinze mains et demie et pèse onze cent cinquante-six livres. Cet animal a enduré des épreuves presque incroyables. Il est fait pour cela, comme vous le constaterez facilement. C'est ce qu'on appelle un mulet corpulent, mais il n'est pas enclin à courir jusqu'au ventre à moins qu'il ne soit trop nourri et qu'il ne soit pas travaillé. Il a un caractère remarquablement gentil, est en bonne santé et se nourrit bien. Cet animal n'a qu'un seul mal à affronter. Son pied postérieur est devenu trop long et montre clairement à quel point il rejette le paturon trop en arrière. C'est dans une certaine mesure l'effet d'un mauvais ferrage. Il est très rare de trouver un forgeron qui découvre ce fait avant qu'il ne soit trop tard. Or, il n'y a rien de plus facile que de ruiner une mule en lui laissant pousser les orteils trop longtemps. Le docteur LH Braley, vétérinaire en chef de l'armée, élabore actuellement un plan de ferrage des mules, que je considère comme le meilleur qui ait été proposé. Son traitement du pied quand il se porte bien et comment le garder ainsi ; et comment soigner le pied en le ferrant lorsqu'il est blessé, c'est la meilleure chose qui puisse être adoptée.

Le n° 13 est un mulet qui a été utilisé dans un train de deux mulets dont j'ai la garde depuis environ un an. Elle travaillait auparavant dans un train de six mules, en tant que mule sans roues. Elle a cinq ans, elle se lève ; taille, quinze mains et trois pouces de haut, et pèse quatorze cent vingt-deux livres. Elle fut reçue au service du gouvernement à Wheeling, en Virginie, et lorsqu'elle fut expédiée ou transférée à ce dépôt, avec quatre cents autres, elle n'avait que deux ans et en avait trois. Elle a travaillé, au moins un an ou plus, trop jeune ; et à cette cause j'attribue certains préjudices dont je parlerai plus tard. Ce mulet, avec deux cents autres, fut transféré à l'armée du Potomac, et fit ses campagnes de 1864 jusqu'à la chute de Richmond. C'est une excellente travailleuse, et son cou, sa tête et ses épaules antérieures sont aussi fins que possible. En effet, ils constituent un parfait développement du cheval. Mais ses articulations des hanches ou des flancs sont très déficientes. Comme elle a été travaillée trop jeune, les muscles des pattes postérieures ont cédé et sont devenus tordus. Cela se produit fréquemment lorsque l'animal est placé comme un animal à roulettes lorsqu'il est trop jeune et qu'il se retient sous une lourde charge. Si vous voulez voir à quelle vitesse vous pouvez ruiner les jeunes mules, placez-les dans les roues.

Le n°14 est le mulet sans roues d'une équipe de six mulets. J'ai fait photographier ce mulet dans le but de montrer les effets de l'attelage d'animaux si courts à l'attelage que l'arbre à balançoire heurte ou repose sur leurs jarrets. J'ai évoqué ce grand mal ailleurs. Cette mule n'a que six ans, mesure seize mains et pèse près de seize cents livres. A part les jarrets, c'est la mule la mieux faite et la plus belle du parc ; et c'est aussi un remarquable travailleur. Vous remarquerez cependant que les extrémités de ses jarrets sont tellement enflées et calleuses par l'action du swingle-tree qu'elles sont définitivement défigurées. La position dans laquelle j'ai placé cette mule, par rapport à la roue du chariot, est la position appropriée pour mettre toutes les mules sauvages, vertes, contraires ou têtues lorsqu'elles sont difficiles à brider.

C'est l'usage le plus sévère auquel un lariat puisse être destiné à un mulet ou à un cheval. La personne qui l'utilise doit cependant veiller à ce qu'il soit bien en place sur l'épaule de l'animal. Je fais maintenant référence à la partie de la boucle qui se trouve autour du cou. L'extrémité du lariat doit toujours être tenue par un homme et non attachée à aucune partie du chariot, de sorte que si l'animal tombe ou se jette, vous puissiez détendre le lariat et le sauver de toute blessure. Trois applications du dollar les conquériront si complètement que vous n'aurez que peu de problèmes par la suite. Ayez soin de garder le lariat, devant, aussi haut que la poitrine de la mule ; et veillez également à ce qu'ils soient tirés près de la roue avant avant de la tirer à travers la roue arrière.

MALADIES COMMUNES AU MULE ET COMMENT ELLES DOIVENT ÊTRE TRAITÉES.

Le mulet ne diffère pas sensiblement du cheval par les maladies dont il est atteint. Il en souffre cependant moins, faute de sensibilité. Il peut être utile de faire ici quelques remarques sur les diverses maladies dont il est sujet, et de recommander un traitement que j'ai pratiqué et vu pratiquer, et qui, je crois, est le meilleur qu'on puisse appliquer.

MALADIE DE CARRÉ CHEZ LES POUSSONS.

Cette maladie est particulière aux jeunes mulets. Ses symptômes se manifestent par une douleur et un gonflement des glandes de la gorge, une toux, des difficultés à avaler, un écoulement au niveau des narines et une prostration générale. Si elle n'est pas correctement traitée, elle est sûrement mortelle.

TRAITEMENT : - Donner de la purée de son légère, beaucoup de sel commun et garder l'animal dans une étable chaude et sèche. Vous n'avez pas besoin de vous vêtir, car le mulet, contrairement au cheval, n'est pas habitué à se vêtir. Si le gonflement sous la gorge montre une tendance à l'ulcération, ce qui est généralement le cas, ne faites rien pour l'empêcher. Encouragez l'ulcère et laissez-le atteindre son paroxysme graduellement, car c'est le moyen le plus simple et le plus naturel de se débarrasser du trouble, qui semble d'abord envahir tout le système. Lorsque l'ulcère semble suffisamment mou pour être percé, faites-le et veillez à éviter les glandes et les veines. Lancez à travers la peau dans la zone molle, qui semble presque prête à se briser. Si la gorge est à un moment donné si enflée qu'elle rend la déglutition difficile, donnez-lui fréquemment de l'eau, environ du lait tiède, avec une nourriture nourrissante à base d'avoine, de maïs ou de seigle, cette dernière étant la meilleure. Si ce traitement, très simple, est soigneusement appliqué, peu d'animaux ne parviendront pas à se rétablir.

CATARRHE OU RHUME.

Cette maladie attaque rarement le mulet. Nous en avons eu plusieurs milliers dans le camp, et sur tout ce nombre, je ne me souviens pas d'un cas où un seul animal a été détruit ou mutilé. En fait, je me demande si les mules prendront froid lorsqu'elles sont gardées comme le gouvernement les garde, campées dehors ou debout dans des hangars où la température est la même qu'à l'extérieur.

MORVE.

Il s'agit de l'une des maladies les plus destructrices dont souffre la famille des chevaux et qui a mis au défi les meilleures compétences vétérinaires du monde. Il reste encore à trouver un remède à ce problème. J'ai cependant jugé bon ici de décrire soigneusement ses symptômes et de recommander que tous les animaux présentant des symptômes soient gardés seuls jusqu'à ce que leur cas soit définitivement établi. Quand vous serez sûr qu'ils sont atteints de la maladie, détruisez-les le plus vite possible. Veillez également à ce que l'endroit où ils ont été conservés soit soigneusement nettoyé et arrosé de chaux, car la maladie est contagieuse et la moindre particule de virus la propagera à nouveau.

Farcy n'est qu'un stade de cette terrible maladie, mais il n'est pas nécessairement mortel à ce stade. Il convient cependant de le traiter avec beaucoup de prudence et de prudence. Farcy peut également être transmis à d'autres par inoculation. Quiconque a eu le champ d'observation dont dispose l'auteur depuis quatre ans serait convaincu que les recommandations que je m'apprête à faire décrivent la seule conduite à suivre face à cette maladie contagieuse. Le nombre de ses victimes sous mes observations se comptait par milliers. Tout ce qu'on peut faire, c'est empêcher, si possible, que la maladie ne se produise, et la détruire lorsqu'on s'assure avec certitude que l'animal l'a contractée. Je dirai cependant ici que ce sujet sera bientôt traité en profondeur dans un ouvrage qui sera publié prochainement par le docteur Braley, vétérinaire en chef de l'armée. Il apportera sans aucun doute un éclairage sur un sujet qui n'a pas encore été publié.

SYMPTÔMES.

Premièrement : lorsqu'il apparaît sous une forme naturelle, sans l'agent de contagion ou d'inoculation, sécheresse de la peau, absence totale de transpiration insensible, affaissement du pelage. Parfois, une légère décoloration peut être observée au niveau du front et de la partie inférieure des oreilles. Somnolence, manque d'éclat des yeux, léger gonflement de la face interne des pattes postérieures, s'étendant jusqu'au bu-boa. Cet état de choses peut durer plusieurs jours et sera suivi d'une hypertrophie entre les jambes. L'inflammation qui en résulte peut disparaître entièrement, ou bien elle peut continuer à s'élargir et éclater en ulcères sur les *lactiles* du système lymphatique qui accompagne les grosses veines. Dans ce dernier cas, il est apparu sous la forme de Farcy. Ceci étant, le visage prend un air plus joyeux et l'animal montre par ailleurs des signes de soulagement des rejets de matières toxiques. S'il reste dans cet état, la mort n'en résulte généralement pas. Si le système est tonifié, il guérira parfois et l'animal semblera en bonne santé. Pourtant, en observant ensuite les symptômes et l'état de santé général de l'animal, vous serez convaincu que la maladie est seulement contrôlée et non éradiquée. Agissant dans le système, il n'attend qu'une occasion favorable pour agir comme agent secondaire dans le rhume, la débilité générale ou l'exposition, lorsqu'il fera son apparition et produira la mort.

Mais dans le premier cas, comme le montre le gonflement des pattes postérieures, si le gonflement disparaît et que la débilité générale du système continue ; si les yeux deviennent plus somnolents et s'écoulent des coins inférieurs ; et si cela est suivi d'un écoulement des narines, d'un léger gonflement et d'un durcissement des glandes sous-maxillaires qui se trouvent entre les mâchoires inférieures, alors il s'agit d'une morve clairement développée. Toutes les glandes du corps sont maintenant atteintes ou empoisonnées, et la mort doit s'ensuivre au bout de dix ou quinze jours, car la constitution de l'animal peut ne pas être en état de combattre la maladie.

Si cette maladie est gênée par l'inoculation des *têtes farcies* d'animaux farcis dans des plaies suppurantes sur d'autres animaux, elle sera très lente dans sa progression, surtout si elle attaque les autres dans une région éloignée du système lymphatique. En cas de galle de selle, les plaies seront très difficiles à guérir. S'il est possible d'arrêter la progression de la maladie, c'est dans ces trois cas.

J'ai observé que lorsqu'il était pris dans une bouche douloureuse, il descendait le long de la joue jusqu'à la glande sous-maxillaire et se terminait par un cas évident de morve ou de farcy. Il existe une autre forme sous laquelle cette maladie peut être contractée, et qui est, de toutes les autres, la plus perfide et la plus dangereuse, mais qui ne produit jamais la mort sans l'intermédiaire d'autres maladies, portant toujours avec elle les germes de l'infection et prête à se manifester. le transmettre à des sujets affaiblis et provoquer leur mort. L'animal vivra toujours lui-même et ne montrera aucun signe de maladie autre que ce que je suis sur le point de décrire dans la position. C'est celui qui est absorbé par les narines et attaque les glandes sous-maxillaires, qui s'hypertrophient et le resteront. Lorsque ceux-ci sont surchargés, il y aura un écoulement au niveau du nez. Ceci étant rejeté, il faudra peut-être un certain temps avant qu'une nouvelle décharge ne soit visible à partir de la même source. Dans certains cas, lorsque l'écoulement est constant, on le distingue facilement du gleet ou de l'ozena, par l'aspect sain et naturel des membranes du nez, qui d'abord sont pâles, puis deviennent rouge feu ou violet. Dans la gleet, les écoulements narines, comme dans l'ozène, sont d'une couleur très claire. Chez la morve, elles sont d'abord d'un jaune foncé, puis d'un gris sale, presque couleur ardoise.

Les mules atteintes de ce type de morve, même si leur apparence saine peut paraître grave, doivent être détruites. Ils transportent en effet avec eux des germes d'infection et de mort, sans aucune marque visible dans leur apparence pour avertir ceux qui ont la garde des animaux contre leur danger.

LA DENTITION.

Comme les mules changent rarement de mains avant l'âge de deux ou trois ans, il n'est pas jugé nécessaire de dire ici quoi que ce soit de leur âge avant qu'elles n'aient atteint deux ans, afin de donner aux inexpérimentés une plus grande portée. La bouche du mulet subit exactement les mêmes modifications que celle du cheval. Entre deux et trois ans, ces changements commencent à se produire dans la bouche du mulet. Les incisives de devant, deux au-dessus et deux en dessous, sont remplacées par le cheval pour les dents permanentes. Ces dents sont plus grandes que les autres, ont deux rainures sur la surface externe opposée et la marque est longue, étroite, profonde et noire. N'ayant pas atteint leur pleine croissance, elles sont un peu plus basses que les autres, la marque des deux pinces suivantes étant presque usée, et s'use également dans les pinces d'angle.

Une mule de trois ans doit avoir les pinces centrales permanentes en croissance, les deux autres paires réunies, six broyeurs dans chaque mâchoire, en haut et en bas, la première et la cinquième au niveau des autres, et la sixième en saillie. À mesure que les pinces permanentes s'usent et continuent de croître, une partie étroite de la dent en forme de cône est exposée à l'attrition ; et ils ont l'air d'avoir été compressés. Mais ce n'est pas le cas ; la marque de certains disparaît progressivement à mesure que la fosse s'use. À l'âge de trois ans et demi ou quatre ans, la prochaine paire de pinces sera changée, et on ne peut pas se tromper sur la bouche à ce moment-là. Les pinces centrales auront presque atteint leur pleine croissance, et il restera un vide là où se trouvait la seconde ; ou bien, ils commenceront à apparaître au-dessus de la gencive, et ceux des coins seront diminués en largeur et usés, la marque devenant petite et pâle. A cette période également, la deuxième paire de broyeurs sera abandonnée. À quatre ans, les pinces centrales seront pleinement développées, les bords tranchants seront quelque peu usés et les marques plus courtes, plus larges et plus pâles. La prochaine paire sera en hausse, mais elle sera petite, avec une marque profonde et s'étendant assez largement. Leurs pinces de coin seront plus grandes que celles de l'intérieur, mais plus petites qu'elles ne l'étaient, plates et presque usées. Le sixième broyeur se sera élevé au niveau des autres ; et les poussées commenceront à apparaître chez l'animal mâle. La femelle en possède rarement, même si le germe est toujours présent dans la mâchoire. A quatre ans et demi, ou entre cinq et cinq ans, le dernier changement important a lieu dans la gueule du mulet. Les pinces de coin disparaissent et les pinces permanentes commencent à apparaître. Lorsque les pinces centrales sont considérablement usées et que la paire suivante montre des marques d'usure, la pointe aura fait saillie et aura généralement un demi-pouce de hauteur. Extérieurement, il présente une proéminence arrondie, avec une rainure de chaque côté, et est évidemment creux à l'intérieur. A six ans, la marque de la pince centrale est usée. Il y aura cependant toujours une différence de couleur au centre de la dent. Le ciment qui comble le trou fait par le trempage de l'émail présentera une teinte plus brune que l'autre partie de la dent. Il sera entouré d'un bord d'émail, et il restera une petite dépression au centre, ainsi qu'une dépression autour du boîtier de l'émail. Mais le trou profond au centre de l'émail, avec la surface noircie qu'il présente, et le bord surélevé de l'émail, auront disparu. On peut maintenant dire que le mulet a une bouche parfaite, toutes les dents étant produites et pleinement développées.

Ce que j'ai dit ci-dessus ne doit pas être considéré comme un guide positif dans tous les cas, car la bouche des mules est fréquemment déchirée, tordue, brisée et transformée en toutes sortes de formes par un traitement cruel et par l'inexpérience, pour ne pas utiliser de terme plus dur, de ceux qui en ont la charge. En effet, j'ai connu des cas de cruauté si graves qu'il était impossible de déterminer l'âge de l'animal à partir de ses dents.

A sept ans, la marque, telle que je l'ai décrite, s'use dans les quatre pinces centrales, et s'use aussi rapidement dans les dents de coin. Je parle maintenant d'une bouche naturelle qui n'a pas subi de blessures. À huit ans, la marque a disparu de toutes les pinces du bas, et on peut dire qu'elle est tout à fait hors de la bouche. Il ne reste rien dans les pinces de fond permettant de déterminer avec certitude l'âge du mulet. Les touches sont un mauvais guide à tout moment de la vie de l'animal pour connaître son âge ; ce sont elles, plus que toutes les autres dents, qui sont les plus exposées aux blessures dont j'ai parlé. A partir de ce moment, les changements qui s'opèrent dans les dents peuvent être d'une certaine utilité pour se forger une opinion ; mais il n'y a aucune marque sur les dents permettant de déterminer avec certitude une année plus ou moins. On peut s'en rendre compte presque autant par l'aspect général de l'animal que par l'examen de la bouche. Le mulet, s'il vit longtemps, a le même effet en changeant son apparence générale de la jeunesse à la vieillesse, comme cela se produit sur le reste de la création animale.

MALADIES DES DENTS.

Il y a peu ou pas de maladies auxquelles les dents du mulet sont sujettes, une fois que les dents permanentes sont développées ; mais au cours de leurs changements, j'ai été amené à croire qu'il souffrait plus d'inconvénients, ou du moins autant que n'importe quel autre animal, non pas tant à cause des souffrances que la nature lui inflige, mais plutôt à cause de l'inexpérience et de la cruauté. de ceux à qui on confie généralement ses soins. Je parlerai ici d'abord de lampas. La bouche de l'animal est rendue douloureuse et sensible par la poussée dentaire ; et cette irritation et cette douleur sont augmentées par l'utilisation de mors inappropriés. Comme si cela ne suffisait pas, on a recours à cette pratique barbare et inhumaine qui consiste à éteindre les lampas. C'est ce que je fais et contre lequel j'ai toujours protesté. Si les gencives sont enflées à cause de la coupe des dents, ce qui est à peu près la seule cause de leur apparence enflammée et hypertrophiée, un léger coup de lancette ou de couteau tranchant sur les gencives, à l'endroit où les dents se frayent un chemin à travers, et un peu d'attention au régime alimentaire de l'animal suffira. Il ne faut pas oublier qu'à cette époque, la bouche de l'animal est trop douloureuse et trop sensible pour mastiquer des aliments durs, comme le maïs. Cependant, avec le développement des dents, la lampasse disparaîtra généralement.

L'OEIL.

Les mules sont remarquables par leurs bons yeux. Parfois, ils deviennent enflammés et douloureux. Dans de tels cas, l'application d'eau froide et l'élimination de la cause, qu'il s'agisse d'un frottement des œillères, d'une poussée du sang vers la tête sous l'influence de colliers mal ajustés, ou de toute autre cause connue, est tout ce que je peux recommander. dans leur cas.

LA LANGUE.

Les mules souffrent beaucoup de blessures à la langue, causées par le mauvais traitement de ceux qui en ont la charge, et aussi de douleurs causées par la même manière. Le mieux est d'appliquer une légère décoction d'écorce de chêne blanc, appliquée avec une éponge sur les parties douloureuses. Le charbon de bois mélangé à de l'eau et appliqué de la même manière est bon. N'importe quelle quantité peut être utilisée, car elle n'est pas dangereuse. Si possible, donnez à l'animal des bouillies nourrissantes ou des purées de son ; et surtout garder le mors hors de la bouche jusqu'à ce qu'il soit parfaitement cicatrisé.

SONDAGE-MAL.

C'est une maladie à laquelle le mulet est plus exposé que tous les autres animaux. Cela est plus particulièrement vrai pour ceux qui sont mis au service du gouvernement sans interruption. On verra très facilement que l'entraînement nécessaire, la rupture du licol, etc., les exposera à plusieurs des causes de cette maladie. En dehors de cela, le traitement inhumain des chauffeurs et des autres personnes qui en ont la charge produit souvent la pire forme de cette situation. Cela commence par un ulcère ou une plaie à la jonction de la tête et du cou ; et de par sa position, plus que toute autre cause, il est très difficile de guérir. La première chose à faire, lorsque le gonflement apparaît, est d'utiliser des fomentations chaudes. Si vous n'en avez pas à portée de main, utilisez fréquemment de l'eau froide. Gardez la bride et le licol des pièces. Dans le cas où l'inflammation ne peut être atténuée et qu'une ulcération se produit, le seul moyen de guérir, avec sécurité et certitude, est l'utilisation du séton. Celui-ci ne doit être appliqué que par une main bien experte dans son utilisation. La personne doit également bien comprendre l'anatomie des parties, car les blessures commises avec l'aiguille séton, dans ces parties, sont souvent plus graves et plus difficiles à guérir que la maladie provoquée par la première blessure.

FISTULE.

Il s'agit d'une maladie à laquelle le mulet est plus sujet que tout autre animal utilisé par le gouvernement. Et cela, parce qu'il est utilisé comme bête de somme par presque toutes les nations et classes de personnes, et parce qu'il est le plus mal soigné. La fistule est le résultat d'une ecchymose. On sait que certains animaux le produisent en se roulant sur des pierres et d'autres substances dures. Elle se manifeste généralement d'abord sous la forme d'une hausse ou d'un gonflement là où la selle a été amenée à appuyer trop fort sur le garrot, et surtout lorsque l'animal en a des garrots hauts et maigres. À mesure que la chair de l'animal diminue, le garrot, naturellement, est plus exposé et paraît plus haut, à cause de l'atrophie musculaire de chaque côté de la colonne vertébrale. Sous la selle, on peut remédier dans une large mesure à ce problème en ajoutant un pli supplémentaire au tapis de selle ou en rendant le coussin de la selle suffisamment haut pour le maintenir hors du garrot. En emballant avec le bât, cela est plus difficile, car le poids est généralement une substance morte et lourde, et lorsque l'animal marche plus bas ou plus haut, le sac fait de même. Il y aurait cependant beaucoup à faire en prenant soin d'emballer les animaux, afin d'éviter des blessures au garrot et des meurtrissures à la colonne vertébrale. Lorsque le garrot commence à enfler et qu'une inflammation s'installe, ou qu'une tumeur commence à se former, l'ensemble peut être chassé et la fistule dispersée ou évitée par des applications fréquentes ou presque constantes d'eau froide, comme cela est recommandé dans les sondages. . Mais si malgré cela le gonflement persiste ou s'amplifie, il faudra appliquer des fomentations chaudes, des cataplasmes et des embrocations stimulantes, afin d'amener la protubérance à sa formation complète le plus tôt possible. Lorsqu'il est plein, un séton doit être passé, par une main habile, du haut vers le bas de la tumeur, afin que tout le pus puisse avoir libre accès pour s'échapper. L'incision doit rester libre jusqu'à ce que toute la matière se soit échappée et que la plaie montre des signes de guérison. L'après-traitement doit être similaire à celui préconisé en cas de poll-mal. Le traitement ci-dessus, s'il est correctement administré, permettra de guérir dans presque tous les cas de *fistule* .

COLLIER-GALLES.

Les douleurs au cou, les galles de selle et les stilfasts sont une espèce de blessures et de plaies qui sont dans de nombreux cas très difficiles à guérir, en particulier les galles de selle sur les mulets qu'il faut monter tous les jours. L'un des meilleurs remèdes contre la galle de la selle est de surélever la selle autant que possible et de baigner le dos avec de l'eau froide aussi souvent que l'occasion le permet. Dans de nombreux cas, cela chassera la fièvre et dissipera les problèmes qui sont sur le point de survenir. Cependant, celle-ci ne se disperse pas toujours, car le trouble persiste souvent, une racine se formant au centre de ce que nous appelons la galle en selle. Les bords de celui-ci seront clairs et les restes ne tiendront que par la racine. J'ai eu de nombreux cas de ce genre avec le mulet, tant sur le dos que sur le cou, causés principalement sur cette dernière partie par un collier trop lâche. Et je n'ai trouvé qu'un seul moyen de les guérir efficacement. Certaines personnes conseillent de couper, ce que je trouve trop fastidieux et douloureux pour l'animal. Mon conseil est de prendre une paire de pinces, ou de forceps de toute sorte, et de la retirer. Cela fait, baignez-vous fréquemment avec de l'eau froide et gardez le collier ou la selle aussi exempt de plaie que possible. Cela fera plus pour soulager l'animal et guérir la blessure que tous les médicaments que vous pouvez lui donner. Un peu d'huile apaisante ou de graisse sans sel peut être légèrement frottée sur les pièces au fur et à mesure qu'elles commencent à cicatriser. C'est un remède très simple mais efficace.

MUGUET.

C'est un autre problème dont souffre le mulet. Coupez les parties de la grenouille qui semblent détruites, nettoyez-les bien avec du savon de Castille et appliquez de l'acide muriatique. Si vous ne l'avez pas sous la main, un peu de goudron mélangé avec du sel, placé sur de l'étoupe ou de l'étoupe, et appliqué, fera presque aussi bien l'affaire. Appliquez -le tous les jours, en gardant les parties bien habillées et les pieds selon les indications du ferrage, et le trouble disparaîtra bientôt.

FONDATEURS DE POITRINE.

Les mules ne sont pas sujettes à cette maladie. Certaines personnes prétendent le contraire, mais c'est une erreur. Ces personnes prennent pour un enfoncement dans la poitrine ce qui n'est rien d'autre qu'un cas de contraction des pieds. J'ai vu à plusieurs reprises des vétérinaires liés à l'armée, lorsqu'on leur demandait quel était le problème d'un mulet, avoir l'air sage et déclarer leur plainte de fond de poitrine, de gonflement des épaules, etc. J'étais enclin à mettre quelque confiance dans la sagesse de ces messieurs, jusqu'au moment où le docteur Braley, vétérinaire en chef du département de Washington, apporta les preuves les plus convaincantes qu'il était presque impossible que ces animaux se blessent à l'épaule. Quand les mules ont mal au devant, regardez bien leurs pieds, et dans neuf cas sur dix, vous y trouverez la cause du mal. Dans de très nombreux cas, un bon ferrage pratique peut éliminer le problème en parant et en ferrant correctement.

SAIGNEMENT.

C'était toujours un sujet de recherche chez moi, qui était à l'origine du système de saignée ; et pourquoi toutes sortes de médecins persistent à retirer le flux de vie lui-même du système afin de préserver la vie. Dans le cas du général Washington, que je copie de l' *Independent Chronicle* of Boston du 6 janvier 1800, l'éditeur, utilisant « James Craik, médecin, et Elisha C. Dick, médecin », comme autorité, déclare qu'un saignement a été obtenu. dans les environs, qui prenait du bras du général de douze à quatorze onces de sang, le matin ; et dans l'après-midi du même jour, il a saigné abondamment deux fois. Bien plus, il fut convenu par ces mêmes médecins éclairés d'essayer le résultat d'une autre saignée, au cours de laquelle trente-deux onces supplémentaires furent prélevées. Et, aussi merveilleux que cela puisse paraître aujourd'hui à l'esprit intelligent, ils affirment que tout cela s'est fait sans le moindre soulagement de la maladie. Le monde est devenu plus sage désormais, et l'expérience a montré à quel point ce système de saignée était ridicule. Ce qui est vrai pour le système humain l'est également pour l'animal. Il existe des cas extrêmes dans lesquels je suis convaincu qu'un saignement modéré pourrait apporter un soulagement. Mais ces cas sont si peu nombreux qu'il ne faut permettre que cela soit fait par une personne expérimentée, prudente et habile. Mon conseil est de l'éviter dans tous les cas où vous le pouvez.

COLIQUES.

Le mulet est tout à fait sujet à ce reproche. C'est ce qu'on appelle communément le mal de ventre. Des doses excessives d'eau froide le produiront. Il n'y a rien, cependant, de plus susceptible de le produire chez le mulet que les changements de grain. Le maïs moisi en produira également et ne devrait jamais être donné aux animaux. Je me souviens qu'en 1856, alors que j'étais au Nouveau-Mexique, à Fort Union, nous avons vu plusieurs mules mourir après avoir mangé ce qu'on appelle le maïs espagnol ou mexicain, un petit grain bleu et violacé. C'était extrêmement dur et silex et, en fait, ressemblait plus à de la chevrotine qu'à du grain. Nous en avons donné environ quatre litres à la mule, lors du premier repas. Le résultat fut qu'ils enflèrent, commencèrent à haleter, à regarder autour de eux, à transpirer au-dessus des yeux et sur les flancs. Puis ils se mirent à rouler, à se relever brusquement, à se recoucher, à rouler et à essayer de s'allonger sur le dos. Ensuite, ils surgissaient, et après être restés debout quelques secondes, tombaient, gémissaient et haletaient. Finalement, ils se résignaient à ce qu'ils savaient apparemment être leur sort et mourraient. Et pourtant, aussi singulier que cela puisse paraître, l'animal a pu s'habituer à ce grain par une alimentation judicieuse au début.

On ne savait pas alors quoi donner à l'animal pour le soulager ou le guérir ; et le gouvernement a perdu des centaines d'animaux de valeur à cause de notre manque de connaissances. Chaque fois que ces cas violents apparaissent, procurez-vous du savon ordinaire, faites de la mousse forte et aspergez-en la mule. J'ai constaté dans tous les cas où je l'ai utilisé que le mulet se portait bien. C'est l'alcali contenu dans le savon qui neutralise les gaz. Il existe une autre bonne recette, et on la trouve généralement au camp. Prenez deux onces de saleratus, mettez-le dans une pinte d'eau, agitez bien, puis arrosez-en. Surtout, éloignez-vous du whisky et des autres stimulants, car ils ne font qu'aggraver la maladie.

PHYSIQUE.

C'est encore une de ces guérisons imaginaires auxquelles recourent les personnes qui ont la garde des mulets. Un grand nombre de ces personnes croient honnêtement qu'il est nécessaire de nettoyer l'animal chaque printemps avec de fortes doses de poisons et autres. Il faut, disent-ils, donner cela pour desserrer la peau, adoucir les cheveux, etc. À mon avis, cela ne sert à rien. Si ses crottes deviennent sèches et ses cheveux durs et croustillants, donnez-lui de la purée de son mélangée à ses céréales et une cuillère à café de sel à chaque repas. S'il y a de l'herbe, laissez-le brouter quelques heures chaque jour. Cela fera plus pour adoucir son pelage et desserrer ses intestins que toute autre chose. Lorsque la véritable maladie fait son apparition, il est temps d'utiliser des médicaments ; mais ils devraient être appliqués par quelqu'un qui les comprend parfaitement.

STRINGHALT.

Cela se produit parfois chez le mulet. Il s'agit d'une secousse soudaine, nerveuse et rapide de l'une ou des deux pattes postérieures. Chez le mulet, cela n'apparaît souvent que peu après avoir travaillé une heure environ. C'est ce que je considère comme une maladie, et une mule gravement affectée n'est généralement que de peu d'utilité. C'est souvent le résultat de tensions causées par des reculs, des tractions et des torsions, ainsi que de lourdes chutes. Vous pouvez le détecter sous sa moindre forme en tournant l'animal court vers la droite ou vers la gauche. Tournez-le dans la voie où il se trouve, le plus près possible, puis reculez-le. S'il en est atteint, l'une de ces trois voies développera ses symptômes. Il existe de nombreuses opinions quant à la santé ou à la santé d'un animal atteint de cette maladie. Si j'avais maintenant un bon animal qui en était atteint, la douleur causée à mes sentiments en le regardant serait un sérieux inconvénient.

CRAMPE.

J'ai maintenant sous ma garde plusieurs mules qui font l'objet de cette plainte. Cela ne leur fait pas vraiment de mal pour le service, mais c'est très désagréable pour ceux qui en ont la charge. Il faut souvent une demi-heure à deux heures pour les faire frotter afin que le sang revienne à sa bonne circulation et pour les faire marcher sans traîner les jambes. Dans les cas où ils sont attaqués violemment, ils sembleront perdre tout usage de leurs jambes. J'ai connu des cas où un coup brusque avec un morceau de planche léger, de manière à provoquer une surprise, le faisait fuir. Dans d'autres cas, un coup de fouet soudain aurait le même effet.

ÉPARVIN.

On pense généralement que le mulet n'hérite pas de cette maladie. Mais ce n'est pas tout à fait vrai. Les petites mules compactes, issues du carangue, n'y sont en effet pas soumises. Au contraire, les grandes mulets, issues de juments grosses et grossières, en sont très fréquemment atteintes. L'auteur a actuellement sous sa garde un assez grand nombre de ces espèces de mules chez lesquelles cette maladie est visible. Parfois, quand on travaille dur, ils sont douloureux et boiteux. La seule chose à recommander dans ce cas est un traitement soigneux et autant de repos à intervalles qu'il est possible de leur accorder. Le frottement des mains et l'application de liniments stimulants ou de teinture d'arnica constituent à peu près tout ce qui peut être fait. L'ancienne méthode de tir et de cloquage ne fait que torturer l'animal et coûter au propriétaire. Une guérison ne pourra jamais être obtenue grâce à elle et ne devrait donc jamais être tentée.

SONNERIE.

Celles-ci apparaissent sur le même type de grandes mules osseuses que celles mentionnées dans les cas d'éparvin et sont incurables. Ils peuvent cependant être soulagés par le même procédé que celui préconisé dans Spavin. Un soulagement peut également être apporté en laissant les talons des pieds affectés pousser jusqu'à une longueur considérable, ou en les chaussant avec une chaussure à talons hauts, et en soulageant ainsi le poids ou la tension des parties blessées. La seule façon de tirer le meilleur parti d'un animal atteint de cette maladie est d'abandonner les expériences visant à le guérir, car elles n'entraîneront que des dépenses et des déceptions.

GALE.

Les mules sont sujettes à cette maladie lorsqu'elles sont gardées en grand nombre, comme dans l'armée. Il s'agit d'une maladie particulière de la cuticule, comme les démangeaisons dans le système humain, et elle se prête au même traitement. Un mélange de soufre et de saindoux de porc, une pinte de ce dernier pour deux du premier. Frottez l'animal partout, puis couvrez-le d'une couverture. Après deux jours de repos, lavez-le avec du savon doux et de l'eau. Une fois ce processus effectué, gardez l'animal dans une couverture pendant quelques jours, car il risque de prendre froid. Nourrissez-le avec de la purée de son, beaucoup de sel commun et de l'eau. Cela soulagera les intestins de tout ce qui est nécessaire et ne manquera guère d'effectuer une guérison. Une autre méthode, mais dont l'effet n'est pas aussi certain, consiste à faire une décoction de tabac, disons environ une livre de tiges pour deux gallons d'eau, bouillie jusqu'à ce que la force soit extraite de l'herbe, et une fois suffisamment refroidie, baigner la mule. bien avec lui de la tête aux pieds, laissez-le sécher et ne le curez pas pendant un jour ou deux. Ensuite, curez-le bien, et si les démangeaisons réapparaissent, répétez le bain deux ou trois fois, et cela produira une guérison. Le même traitement s'appliquera en cas de poux, qui surviennent fréquemment là où les mules sont gardées en grand nombre. Le mercure ne doit jamais être utilisé sous quelque forme que ce soit, en interne ou en externe, sur un animal aussi exposé que le mulet.

GRAISSE-TALON.

Nettoyez bien les pièces avec du savon de Castille et de l'eau tiède. Dès que vous avez découvert la maladie, arrêtez de mouiller vos jambes, car cela ne fait que l'aggraver, et utilisez une pommade composée des substances suivantes : Charbon en poudre, deux onces ; saindoux ou suif, quatre onces; soufre, deux onces. Mélangez-les bien, puis frottez bien la pommade avec votre main sur les parties affectées. Si ce qui précède n'est pas à portée de main, procurez-vous de la poudre à canon, du saindoux ou du suif, à parts égales, et appliquez-les de la même manière. Si l'animal est pauvre et que son organisme a besoin de se tonifier, donnez-lui beaucoup de nourriture nourrissante, avec de la purée de son mélangée abondamment aux céréales. Ajoutez une cuillère à café de sel deux ou trois fois par jour, car cela aidera à garder les intestins ouverts. Si le fond des étables, les planchers ou les cours sont sales, veillez à ce qu'ils soient correctement nettoyés, car la saleté est une des causes de cette maladie. Le même traitement s'appliquera aux égratignures, car il s'agit de la même maladie sous une forme différente.

Pour éviter les rayures et les talons gras pendant l'hiver, voire en toute autre saison, les poils des talons de la mule ne doivent jamais être coupés. En hiver, la boue ne doit pas non plus être lavée, mais laissée sécher sur les pattes de l'animal, puis essuyée avec du foin ou de la paille. Ce lavage et la coupe des poils des jambes les laissent sans aucune protection et sont, dans bien des cas, la cause de talons graisseux et d'égratignures.

CHAUSSURES, CHAUSSURES ET LE PIED.

Le pied, ses maladies et comment bien le ferrer est un sujet très discuté parmi les cavaliers. Presque tous les maréchaux-ferrants et forgerons ont leur propre méthode pour guérir les pieds malades et pour ferrer. Aussi absurde que cela puisse paraître, il insistera sur le fait que cette méthode a des mérites supérieurs à tous les autres, et il lui serait presque impossible de le convaincre de son erreur. Des vétérinaires habiles connaissent aujourd'hui parfaitement toutes les maladies particulières au pied et les moyens d'opérer une guérison. Ils comprennent également quel type de chaussure est nécessaire pour les pieds de différents animaux. Dernièrement, de nombreuses chaussures ont été inventées et brevetées, toutes prétendant être exactement ce que l'on recherche pour soulager et guérir les pieds malades de toutes sortes. Un homme a une chaussure qu'il appelle « *concave* » et dit qu'elle guérira les contractions, les cors, le muguet, les fissures du quartier, les fissures des orteils, etc., etc. Mais quand vous l'examinez de près, vous ne trouvez rien de plus qu'un morceau de fer joliment habillé, presque en forme de demi-lune. Cependant, après un essai équitable, on constatera qu'elle n'a pas plus de vertu pour guérir les maladies ou soulager l'animal que la chaussure ordinaire utilisée par une forge de campagne. Un autre génie inventif surgit et affirme avoir découvert une chaussure qui guérira toutes sortes de pieds malades ; et apporte au moins un boisseau rempli de lettres de personnes qu'il déclare s'intéresser au cheval, confirmant ce qu'il a dit sur les vertus de son fer. Mais un court essai de cette merveilleuse chaussure ne fait que montrer à quel point ces personnes comprennent peu tout le sujet, et combien il est facile de se procurer des lettres recommandant ce qu'elles ont inventé.

Un autre a une "méthode spécifique" pour le ferrage, qui consiste à couper la pointe en plein centre du pied, à couper les barres à l'intérieur du pied, à couper et à nettoyer tout autour à l'intérieur du sabot, puis laisser l'animal se tenir debout sur un plancher en planches, de sorte que ses pieds soient dans la position que représenterait une soucoupe avec un morceau éclaté à l'avant et deux à l'arrière. Je considère que c'est la méthode la plus inhumaine dans l'art du ferrage. Retournez cette soucoupe et voyez combien peu de pression elle supporterait, et vous aurez une idée de la cruauté d'appliquer cette « méthode spécifique ». Parfois, des chaussures de bar et d'autres dispositifs sont utilisés pour empêcher l'intérieur du pied de descendre. Mais pourquoi faire ça ? Pourquoi ne pas vous procurer immédiatement une chaussure adaptée à l'écartement du pied. La chaussure de Tyrell à cet effet est la meilleure que j'ai jamais vue. Nous l'utilisons depuis deux ans dans l'administration publique et l'expérience m'a appris qu'il présente des avantages qu'il ne faut pas négliger. Mais même cette chaussure peut être utilisée à mauvais escient par des mains ignorantes. En effet, entre les mains d'un forgeron qui préfère « sa propre voie », certains types de pieds peuvent en être tout aussi gravement blessés que d'autres en bénéficient. L'armée des États-Unis offre le champ le plus vaste pour acquérir des connaissances pratiques concernant les maladies, notamment celles des pieds, dont sont affligés les chevaux et les mulets. A la fin de la guerre, alors que l'on accordait si peu de soins aux animaux sur le terrain, qu'ils étaient blessés de toutes les manières imaginables et par toutes sortes d'accidents, le vétérinaire trouva un champ d'étude tel qu'il n'en avait jamais été ouvert auparavant.

L'expérience m'a appris que le bon sens est l'une des choses les plus essentielles dans le traitement du pied d'un cheval. Vous devez vous rappeler que les pieds des chevaux sont aussi différents que ceux des hommes et nécessitent un traitement différent, notamment au niveau du ferrage. Vous devez ferrer le pied selon ses particularités et ses exigences, et non selon un « système de chaussure » spécifique. Donnez à la surface du sol un appui horizontal, laissez la grenouille venir au sol et le poids de la mule repose sur la grenouille autant que sur toute autre partie du pied. Si cela dépasse de la chaussure, tant mieux. C'est pour cela qu'il a été conçu, et pour capter le poids selon un principe élastique. Ne le coupez jamais, sous aucun prétexte. Mettez deux clous dans la chaussure de chaque côté, tous deux en avant des quartiers, et un dans la pointe, directement devant le pied. Laissez ceux sur les côtés être espacés d'un pouce, vous serez alors sûr de ne pas couper ou déchirer le pied. Que les clous et les trous de clous soient petits, car ils aideront alors à sauver le pied. Cela aidera encore davantage à le sauver en laissant les clous remonter jusqu'au sabot, car cela maintient la chaussure plus stable sur le pied. Le sabot est tout aussi épais à moins d'un pouce du haut, et est généralement plus sain et d'une meilleure substance qu'il ne l'est au bas. Gardez toujours à l'esprit la première raison de ferrer : vous ferez votre mule uniquement parce que ses pieds ne supporteront pas les routes sans elle. Et chaque fois que vous le pouvez, chaussez-le avec une chaussure ayant exactement la forme de son pied. Certains forgerons insistent sur une chaussure, puis coupent et façonnent le pied. La première surface ou surface centrale du sabot, rendue dure par la manière particulière de se déplacer de l'animal, indique la manière dont il doit être ferré. Tout l'art du monde ne peut améliorer cela, car c'est le modèle préparé par la nature. Que les chaussures soient aussi légères que possible, et sans cales si on peut se le permettre, car le mulet voyage toujours instable dessus. La chaussure Goodenough est de loin supérieure à l'ancienne chaussure calquée et répondra à tous les usages où la tenue est nécessaire. Il est également bon dans les pays montagneux et il n'y a aucun risque que l'animal se calfeutre avec. J'ai soigneusement observé les différents effets des chaussures, tandis que les troupes étaient en marche. J'ai accompagné la Septième Infanterie, en 1858, dans sa marche vers Cedar Valley, dans l'Utah, sur une distance de quatorze cents milles, et j'ai remarqué que presque aucun homme qui portait des chaussures réglementaires n'avait une ampoule aux pieds, tandis que les civils, qui ne portaient pas de chaussures réglementaires, avaient une ampoule aux pieds. , tombaient continuellement et tombaient vers l'arrière, à cause des effets de chaussures et de bottes étroites et inappropriées. Il en va de même pour l'animal. Le pied doit avoir quelque chose de plat et de large sur lequel s'appuyer. Le premier soin de ceux qui ont la charge des mules doit être de veiller à ce que leurs pieds soient maintenus dans un état aussi proche que possible de l'état naturel. Alors, si toutes les lois de la nature sont observées et strictement respectées, les pattes de l'animal dureront aussi longtemps et seront aussi saines dans son état domestique qu'il le serait dans l'état de nature.

L'observateur le plus ordinaire découvrira bientôt que la partie externe ou revêtement du pied du mulet possède très peu de vie animale et n'a aucune sensibilité, comme les poils ou le revêtement du corps. En effet, le pied du cheval et du mulet est un bloc de corne dense, et doit donc être influencé et régi par certaines lois chimiques, qui contrôlent les éléments qui entrent en contact avec lui. C'est pourquoi les pieds de ces animaux étaient faits pour s'appuyer sur le sol dur et pour être naturellement mouillés chaque fois que le cheval buvait. La sécheresse et la chaleur se contracteront et rendront dure et cassante la substance dont sont composés les pieds ; tandis que, d'un autre côté, le refroidissement et l'humidité le dilateront et le rendront souple et doux. La nature a prévu tout le nécessaire pour conserver et protéger ce pied, alors que l'animal est à l'état naturel ; mais lorsqu'on l'utilise dans l'usage domestique, il faut le bon sens de l'homme, dont il est le serviteur, pour employer artificiellement les moyens que la nature lui a fournis, pour le maintenir parfaitement sain.

Lorsque donc le pied est en bonne santé, mouillez-le au moins deux fois par jour ; et ne vous contentez pas de simplement jeter de l'eau froide à l'extérieur, car le pied n'absorbe que très peu, voire pas du tout, d'humidité à travers le mur. En bref, c'est à travers la fourchette et la semelle qu'elle absorbe l'humidité le plus, en particulier dans la région où la semelle rejoint le mur. Ceci, s'il est couvert par un sabot serré, ferme le milieu et empêche une alimentation correcte. Les chevaux ferrés doivent être autorisés à rester dans des endroits humides autant que possible. Utilisez des sols en terre battue ou limoneuse, surtout si le cheval doit rester debout une grande partie de son temps. La pierre ou la brique sont les meilleures solutions, car le pied de l'animal absorbe l'humidité de l'une ou l'autre. Les planches de pin sec sont les pires, car elles attirent l'humidité du pied du cheval. Là où les animaux doivent rester inactifs la plupart du temps, gardez leurs pattes bien remplies de fumier de vache la nuit. C'est le meilleur et le moins cher conservateur des pieds que vous puissiez utiliser.

CONSEILS AUX FORGERONS.

Permettez-moi de vous enjoindre, pour le bien de l'humanité, que lorsque vous entreprenez pour la première fois de ferrer un jeune animal, vous n'oubliiez pas la valeur d'un traitement bienveillant. Gardez la tête détournée du feu éclatant, de l'enclume tintante, etc., etc. Que l'homme auquel il a été habitué, le marié ou le propriétaire, se tienne à sa tête et lui parle gentiment. Lorsque vous l'approcherez pour la première fois, que ce soit sans les instruments que vous devez utiliser pour le ferrer. Parlez-lui doucement, puis relevez son pied. S'il refuse de vous laisser faire cela, laissez la personne qui le charge le faire. Un jeune animal se permettra cela avec une personne à laquelle il est habitué, quand il repoussera un étranger. En le traitant avec gentillesse, vous pouvez lui faire comprendre ce que l'on veut ; en l'abusant, vous ne ferez que l'effrayer et l'amener à l'obstination. Lorsque vous aurez soumis l'animal à une parfaite sujétion, examinez soigneusement le pied, et vous trouverez les talons, à la partie postérieure de la grenouille, entièrement dégagés de ce membre qui est mou et spongieux. Lorsque le pied est baissé, appuyé sur le sol, saisissez les talons dans votre main forte, poussez-les vers l'intérieur vers la grenouille, et vous constaterez immédiatement qu'ils céderont. Vous verrez alors que ce qui cède si facilement à la simple pression de la main se dilatera et s'étalera lorsque le poids du corps sera jeté sur lui. Cela devrait vous donner une idée de ce que vous devez faire pour ferrer ce pied, et vos connaissances pratiques devraient vous servir dans une discussion avec l'un de ces « savants professeurs », qui déclarent que le pied de la mule ne se dilate ni ne se contracte. En vérité, c'est une de ses conditions nécessaires. Après avoir été longtemps mal chaussé, la quasi-totalité ou la quasi-totalité de ce principe nécessaire du pied sera perdue. Il faudra donc étudier pour le préserver. Et laissez-moi vous raconter ici le peu d'expérience en matière d'aide qui m'a permis de faire. Vous observerez que la surface du sol du pied, quelle que soit la hauteur de la voûte plantaire, ait au moins un demi-pouce de large, et parfois plus d'un pouce, avec les talons écartés sur le quart extérieur. Ne coupez pas cette attelle importante. Il est aussi nécessaire au talon de l'animal de le protéger contre les mouvements latéraux, dont dépend toute la structure ci-dessus, que les orteils le sont à l'être humain. Courbez l'extérieur de la chaussure presque pour qu'il s'adapte au pied, et vous trouverez le talon intérieur un peu plus droit, surtout si l'animal a la poitrine étroite et que les pieds sont rapprochés. La nature a prévu cette protection pour l'empêcher de heurter la jambe opposée. Une fois que la chaussure est prête à s'adapter au pied, comme je l'ai déjà décrit, râpez le niveau inférieur - vous le trouverez à peu près ainsi. Ne mettez pas de couteau sur la sole ou sur la fourchette. La plante du pied, rappelez-vous, est sa vie, et la grenouille son défenseur. En poinçonnant le soulier, deux trous de clous sur un côté, sur un pied comme celui-ci, suffisent pour retenir un soulier. Trois peuvent être utilisés, s'ils sont placés à leur place appropriée, sans blessure au pied. La pratique vous apprendra qu'il n'est pas nécessaire de clouer davantage. J'ai utilisé deux clous de côté sur un animal qui n'avait pas le meilleur pied et qui avait une action très haute, et il les a entièrement usés sans les jeter ni l'un ni l'autre. Avant de frapper la chaussure, observez le grain du pied. On voit que les fibres du sabot s'étendent du dessus du pied, ou bord coronaire, vers l'orteil, dans la plupart des pieds, selon un angle d'environ quarante-cinq degrés. Il sera donc clair que si les clous sont enfoncés dans le sens du grain de la corne, ils s'enfonceront beaucoup plus facilement, tiendront mieux et seront moins susceptibles de couper et de fendre les fibres.

Un autre avantage peut être tiré de ce processus de clouage. Lorsque le pied touche le sol, les clous agissent comme un renfort pour empêcher le pied de glisser vers l'avant de la chaussure. Cela rend inutile ce destructeur de pied très ingénieux, le cale-pied. Ensuite, en frappant le fer, tenez le haut du pritchell vers le talon du fer, de manière à ce que le trou dans le fer forme un angle avec le grain du sabot. Percez les trous suffisamment grands pour que les clous ne se coincent pas dans la chaussure et ne nécessitent pas de martelage ou de contusion inutile du pied pour les remettre à leur place. Préparez bien les ongles, pointez-les fins et étroits ; et, comme je l'ai déjà dit, utilisez un clou aussi petit que possible.

Lorsque vous procédez au clouage de la chaussure, faites une légère prise en bas, afin d'être sûr que le clou commence dans la paroi du pied et non dans la semelle. Laissez-le sortir le plus haut possible. Vous n'avez pas besoin d'avoir peur de piquer avec des clous posés de cette manière, car la paroi du pied est aussi épaisse, jusqu'à ce que vous arriviez à moins d'un demi-pouce du sommet, que c'est là que vous posez le clou. Les clous enfoncés de cette manière blessent moins les pieds, tiennent plus longtemps et sont plus solides que lorsqu'ils sont enfoncés d'une autre manière. Si vous avez un doute, testez-le de cette manière : lorsque vous enlevez une vieille chaussure pour en installer une nouvelle, et que vous coupez les clinches (ce qui doit être fait dans tous les cas), vous retrouverez l'ancien clou et les clinches. pas démarré ; et en retirant le clou, vous constaterez également que le pied n'a pas glissé ni craquelé ; et que la corne lie l'ongle jusqu'à ce qu'il soit entièrement arraché. En effet, j'ai vu le trou se refermer presque lorsque le clou le quittait.

Placez les deux clous avant bien vers l'orteil, de manière à ne pas être distants de plus de deux pouces lorsque mesurés sur la base du pied. Laissez les deux suivants diviser la distance entre celui-ci et le talon, de manière à laisser de deux à deux pouces et demi libres de clous, selon la forme du pied. Enfin, avant de clouer le soulier, et pendant qu'il est froid sur l'enclume, frappez la surface qui jouxte le pied du côté extérieur, quelques coups de marteau, jusqu'aux talons, et veillez aussi à ce que le dehors du les talons sont d'une teinte plus basse, de sorte que l'animal, en jetant son poids dessus, s'étale et ne se pince pas les pieds.

www.ingramcontent.com/pod-product-compliance
Lightning Source LLC
LaVergne TN
LVHW041750190726
843493LV00008B/2541